이 책을 러시아 문학을 사랑했던 아버지께 바칩니다.

자전거
백야기행

자전거 백야기행

초판 1쇄 발행 2022년 1월 20일

글·사진 차백성

펴낸이 양은하
펴낸곳 들메나무 출판등록 2012년 5월 31일 제396-2012-0000101호
주소 (10893) 경기도 파주시 와석순환로347 218-1102호
전화 031) 941-8640 팩스 031) 624-3727
전자우편 deulmenamu@naver.com

값 22,000원 ⓒ 차백성, 2022
ISBN 979-11-86889-26-8 03980

자전거 백야기행

**낭만과 사색의 북유럽
인문기행**

글·사진 차백성

들메나무

역사 의식이 녹아든 인문학 여행기

추천의 글을 부탁받았을 때 "일반적인 여행서겠지…" 했던 내 생각이 빗나
간 것을 아는 데 그리 긴 시간이 걸리지 않았다. 이렇게 유익하고 생생하며
세계사 속에 우리 역사를 교차해 풀어간 여행서라니! 읽는 내내 감탄을 연
발하며 단숨에 읽어내려갔다.

이 책은 저자의 해박한 지식을 현지 여행담과 버무린 인문학 여행서이다.
가는 곳마다 그 도시, 그 길에 녹아 있는 시공간의 의미가 마치 내가 그 자
리에 있는 듯 생생하게 전해진다.

작가는 젊은 시절 건설회사에 입사해 중동, 아프리카에 파견 나가 국가 경
제발전에 일익을 담당했다. 쉰 살에 직장생활을 마무리하고 어렸을 적 꿈
이었던 자전거 세계여행을 시작한 배짱, 지금까지 다닌 나라만 33개국, 자
전거 주행거리는 무려 5만여km, 그 결과물로 이번 〈자전거 백야기행〉은 네
번째 단행본!

두 바퀴에 의식주를 매달고 이렇게 많은 것을 담아낼 수 있는 그는 '의지의
한국인'임에 틀림없다. 한류는 오래전부터 자전거에 태극기를 달고 온 세상
을 누빈 그를 통해 이미 시작되었다. 그의 두 바퀴는 오늘도 내일도, 쉼 없
이 굴러갈 것이다.

유인촌 | 배우, 전 문화체육관광부 장관

이 책은 한 번 읽고 덮어둘 평범한 여행기가 아니다

잘나가는 대기업의 중역 자리를 던지고 자전거 한 대로 혼자 세계를 누비는 사나이가 있다. 바로 이 책의 저자다. 그의 전작 〈아메리카 로드〉, 〈재팬 로드〉, 〈유럽 로드〉를 읽으며 쉰 살에 시작한 자전거 세계일주에서 보여준 그의 모험심, 풍부한 역사 상식, 유려한 문체에 감탄하곤 했다.

그의 네 번째 책 〈자전거 백야기행〉은 칠순을 바라보는 나이에 자전거를 타고 북유럽 7개국을 돌아보며 쓴 책으로, 그의 여행기 중에서도 백미다. 북유럽 각 도시의 역사, 지리, 인물, 전쟁, 예술, 문학, 사건, 풍물 등을 현지에서 겪은 일화를 곁들여 흥미롭게 엮어서 그냥 읽는 것만으로도 여행의 재미와 의미를 느낄 수 있는 책이다. 특히 젊은이들이 읽는다면, 암울한 코로나19 시기에서 벗어나 세계를 무대로 뛰쳐나가도록 모험과 도전정신을 불러일으키기에 충분하다.

"리투아니아 빌뉴스에서 소식 전합니다. 이제 발틱 3국을 끝냈으니 여행도 중반에 접어들었습니다…."
몇 년 전 저자로부터 받은 빌뉴스의 아름다운 풍광이 인쇄된 그림엽서를 아직도 잊지 못한다. 초고속 시대에 느려터진(?) 엽서가 향수를 불러일으킨다는 너스레와 함께. 이처럼 그는 멋과 낭만이 충만한 사람이기도 하다.
자, 이제 그의 여행기를 펼쳐보고 싶지 아니한가! 결코 실망하지 않을 것이다.

이석연 | 법무법인 서울 대표 변호사, 전 법제처장

오랜 코로나 팬데믹 시기, 가뭄에 단비 같은 책

러시아의 대문호 톨스토이는 67세에 자전거 타는 법을 배웠다. 늦둥이를 잃은 슬픔을 극복하기 위해 자전거를 타면서 심신을 단련하고 일상을 되찾아 불후의 역작 〈부활〉을 썼다.

저자와의 인연은 과거 대우그룹에서 근무하던 시절, 아프리카에서 시작되었다. 나는 런던 지점에 적을 두었지만 주 활동 무대는 아프리카였다. 그 역시 비슷한 시기에 수단, 나이지리아 등에서 근무하며 나와 업무로 자주 만났다. 열악한 환경에서도 늘 긍정적인 자세로 일했던 그는 내게 깊은 인상을 남겼다.

당시에는 그가 지금처럼 자전거로 세계를 누비는 여행가가 되리라고는 상상도 못했다. 하지만 그는 어느덧 네 권의 로드 시리즈를 출간한 국내 1세대 자전거 여행가이자 중견 작가로 '부활'했다.

이제 그의 여행기는 전 직장 동료의 여행담이 아니라 특별한 작가의 여행기가 되었다. 왜냐하면 그의 책은 단순한 여행 경험을 떠나 자신만의 관점으로 삶을 통찰하는 '테마 여행기'이기 때문이다. 발틱 3국, 러시아, 노르딕 3국 등 북유럽 7개국은 독자들에게 다소 낯선 땅이지만, 그와 함께 자전거 여행을 시작하는 순간 그 땅의 질감과 따스한 온기가 온몸에 전해질 것이다.

"우리는 때로 삶에서 길을 잃고 헤매기도 하지만, 삶은 항상 흘러간다."
〈부활〉의 한 구절이다. 저자가 안장 위에서 보고 느낀 삶의 의미와 성찰은 결국 흐르는 우리의 삶과 맥이 닿아 있다. 〈자전거 백야기행〉은 어디로 가고 있는지 모르는 우리네 인생길에 작은 영감을 주는 안내서가 될 것이다.

추호석 l 학교법인 대우학원 이사장

여행기의 새로운 장르를 연 책

사람이 살았던 곳에는 어디나 이야기가 있다. 다양한 이야기가 사람의 입에서 입으로 전해지고, 이것이 문자로 기록되면 문학이고 역사가 된다. 현대적인 탈것 홍수 속에서 자전거로 길을 가는 것은 쉽지 않다. 그것도 국내가 아닌 해외에서! 안장 위에서 다양한 볼거리를 기록하는 것은 더욱 어렵다.

그럼에도 불구하고 오래전부터 자전거로 해외의 역사 유적은 물론 예술 향기 가득한 곳을 답사하면서 여행기를 써온 분이 있다. 국내의 독보적인 자전거 기행 작가로 자리매김한 차백성 씨다. 이미 세 권의 기행집을 출간하여 많은 독자들에게 호평을 받았기 때문이다.

이번 책이 기대되는 이유는 더 완숙된 나이에 북유럽 7개국에 걸쳐 있는 문학과 인문학적 정서가 담긴 곳을 자전거를 타고 다니며 쓴 글과 직접 촬영한 사진들이 가슴을 흔들 정도로 감동을 주기 때문이다.

차백성 작가는 독자들은 도무지 알 수 없었던 다양한 길을 개척하고 있다. 누군가 처음에는 길이 아닌 곳을 걸어간 사람이 있었기에 길이 만들어졌듯이, 이번 여행기를 통해 많은 분들이 그 길을 따라 자전거를 타며 달리게 될 것이다. 나는 이번 책 〈자전거 백야기행〉이 많은 분들에게 용기를 주고 미래의 삶에 좌표가 될 것을 확신한다.

김경식 ㅣ 시인, 국제PEN 한국본부 사무총장

여행기 이상의 지식과 감동을 주는 이 책의 일독을 권한다

나는 대학 후배인 차백성 작가의 열렬한 팬이다.

당연 그가 펴낸 책을 모두 탐독했다. 적지 않은 나이에도 시들지 않는 그의 '역마살 DNA'가 부럽다. 꿈을 실현하기 위해 젊은 날을 모두 바친 직장에 미련 없이 사표를 던지고 세상을 여행하는 자! 오늘을 살아가는 직장인들이 하루에도 몇 번씩 일탈을 꿈꾸지만 저자처럼 직접 실행에 옮기기는 어렵다.

그는 자전거 바퀴가 닿는 지역의 모든 것을 자신의 여행기에 맛깔스럽게 담아낸다. 나도 꽤나 여행을 좋아해 여러 나라를 다녔지만 여행담을 글로

써내기는 정말 힘들다. 하물며 자전거에 짐을 잔뜩 싣고 풍찬노숙하며 그
날그날의 궤적을 기록하기란….

〈자전거 백야기행〉을 통해 독자 여러분은 여행기 이상의 지식과 감동을 얻
을 것이다. 단, 조건이 있다. 가벼운 신변잡기나 여행 가이드북을 원한다면
이 책은 지루하고 어려울 수도 있다. 하지만 여행의 재미는 물론 여행을 통
한 역사, 예술 등 글로벌 관점의 인문학적 지식까지 느끼려 한다면 이 책의
일독을 주저 없이 권한다.

주광남 | (주)금강철강 회장

인생은 도전! 인생 후반전에 용기를 주는 책

자전거는 지구를 살리는 마스터키이다. 현대사회가 직면한 환경오염, 교통
지옥, 에너지 자원 고갈 등의 난제를 해결할 수 있는 확실한 대안이기 때문
이다. 자전거로 세계를 누비는 차백성 씨가 또 하나의 책 〈자전거 백야기
행〉을 펴냈다. 이번 여행지는 조금은 낯설고도 먼 북유럽이다.

그의 여행기에는 '나라 사랑'의 흔적이 여기저기 눈에 띈다. 외국 어디를 가
든 그 나라의 역사나 문화를 우리 것과 비교하고 교훈을 이끌어내려 하기
때문이다. 어떻게 하면 지나간 과오를 반면교사 삼아 이 땅을 더욱 부강한
선진국으로 만들 수 있을지를 고민하고 그 실천 방안을 찾으려 한다.

그의 이야기는 진솔하고 재미있어 술술 잘 읽히는 것이 특징이다. 특히 그
의 간결체 글솜씨는 그만의 독특한 시그니처다. 무엇보다 이 책이 주는 감
동은 급변하는 세상을 살아가는 현대인들에게 일탈의 휴식감을 준다는 것
이다. 나아가 언젠가 닥칠 인생 후반전에 대한 청사진과 새로운 도전에 대
한 용기까지 줄 흔치 않은 여행서이다.

김상문 | (주)아이케이 그룹 회장

내 방에서 북유럽 여행, 이 책만으로도 충분하다!

차백성 작가는 내게 이런 말을 한 적이 있다. "나는 해당 여행 지역 관련 각
종 책을 읽는다. 그리고 여행기 절반은 서울에서 쓰고 떠난다"라고. 여행을
위한 사전 준비가 중요하다는 말이다.

이런 의미에서 그는 자전거 여행가라기보다는 '길 위의 인문학자'라는 말
이 더 어울릴 것 같다. 전제 조건이 있으면 여행의 재미가 줄어든다지만, 뒤
집어보면 꼭 가봐야 할 곳을 놓치지 않아 좋다. 특히 외국의 낯선 지역에 얽
힌 역사와 예술, 문화를 알고 떠난다면 여행의 즐거움은 배가 되고 추억은
더 오래 남는다.

무엇보다 작가는 일반 도보 여행자와는 달리 자전거를 이동 수단으로 사용
했다는 것이 놀랍다. 여건상 짐의 무게를 줄이기 위해서 칫솔대까지 쥘 수
있을 정도만 남기고 자른다는 글을 보고 '역시 이 방면의 전문가는 다르구
나!'라고 느꼈다.

여행 수단이야 무엇이든, 혹은 여행을 떠나지 않아도 이 책을 통해 북유럽
여행의 대리만족을 즐길 수 있다면 더 이상 바랄 것이 있을까!

"여행은 아는 만큼 보인다"라는 말이 있다. 코로나 팬데믹이 잠잠해지면,
그의 지난 여행기와 이번 〈자전거 백야기행〉을 들고 미국, 일본, 유럽 등지
를 다시 한 번 찬찬히 여행하고 싶다. 사족! 인생 이모작에 자신이 원하는
삶을 살며 유유자적하는 작가가 한없이 부럽다.

이충희 | (주)에트로 회장

북유럽 백야기행을 떠나면서

M에게

이번에는 두 달 예정인 북유럽입니다.

서유럽은 여러 차례 다녔지만 북유럽은 우선순위에서 늘 밀렸습니다. 그 이유는 인간이 살기에 부적합한 동토凍土이기에 문명의 꽃이 늦게 핀 때문이죠. 정말로 늦었을까, 얼마나 늦었을까… 그것을 내 눈으로 직접 확인해보렵니다.

자전거 여행자에게 북유럽은 추위에 대비한 준비물이 많아져 여행이 힘들어지죠. 그래도 몽환적 백야白夜 속에서 자전거 여행이 주는 즐거움을 만끽할 것입니다. 늘 마음속에 두었던 북유럽 일곱 나라들, 이제 진군의 돛을 올리고 페달을 힘차게 밟습니다. 내가 북반구 하늘 아래 어디를 달리고 있는지 궁금할 땐, 지구의에 불을 켜고 두 바퀴 궤적을 따라오십시오.

여정의 시발점은 '발틱 3국' 중 가장 북쪽에 위치한 에스토니아 수도 탈린입니다. 나에겐 생경한 나라들이지만 엄연히 EU 가입국으로 나름 찬란한 역사와 언어, 문화전통을 간직해왔습니다. 세 나라는 지정학적으로 우리와 비슷한 점이 많아 중세부터 주변 강대국의 외침에 시달렸습니다. 결국 2차 세계대전 때 구소련의 속국으로 전락, 세계지도에서 사라졌습니다.

반세기가 흐른 1989년, 자유를 향한 간절한 염원으로 세 나라 국민은 손에 손을 맞잡은 '인간 띠'를 만들었습니다. 그 길이가 무려 650km! 탈린에서 라트비아 수도 리가를 거쳐 리투아니아 수도 빌뉴스까지 '발틱웨이Baltic Way'라 불리는 전대미문의 퍼포먼스였지요.

세계인에게 충격을 준 '자유를 향한 인간 띠'로 피 한 방울 흘리지 않고 독립을 얻어냈습니다. 비폭력 평화시위로 굴레를 벗은 발틱 3국, 나에게 깊은 울림을 주었습니다. 내가 이 길을 택해 내달려갈 이유는 단 한 가지, 인간의 감동은 어떤 무력보다도 강력하다는 것을 증명한 현장이기 때문이죠.

세 나라를 두루 거쳐 가는 동안 그들과 동병상련의 심정으로 페달을 밟을 것입니다. 역사와 문화 탐방은 물론 인문학적 고찰은 내게 빼놓을 수 없는 여정의 한 부분이지요.

'발틱웨이'의 종점인 빌뉴스에서 러시아로 넘어갑니다.

영토 절반 정도가 아시아에 걸쳐 있지만 분명 유럽 국가지요. 한때 공산주의 종주국으로, 남침 배후로, 그간 우리와는 빙탄氷炭관계였지만 이제는 아닙니다. 친근감은 느끼지만 아직은 '먼 나라'죠. 그러기에 더 알고 싶습니다.

내게 매력적으로 다가온 러시아는 대문호를 많이 키워냈죠. 단적인 예를 들어볼까요. 러시아 사람들이 역사적으로 애석해하는 '세 사람의 죽음'이 있습니다. 54세로 죽은 러시아 근대화의 아버지 표트르 대제, 55세로 죽은 사회주의 혁명가 레닌, 그리고 39세로 죽은 천재 시인 푸시킨이지요. 작가를 건국 군주나 국가를 개조한 혁명가와 같은 반열에 두다니요!

이들의 예술작품 사랑 또한 놀랍습니다. 세칭 '세계 3대 박물관'이라면 파리의 루브르 박물관, 런던의 대영제국 박물관, 상트페테르부르크의 에르미타시 박물관을 떠올리죠. 1941년 독일의 침공으로 도시의 존망이 걸린 화급한 시간에 시 당국은 '에르미타시의 소장품을 어떻게 지키느냐'에 총력을 기울였습니다. 급히 도자기 공장 포장 전문가들을 불러 포장작업을 마치고, 우랄산맥 근처에 안전하게 대피시켰지요. 주옥같은 인류의 유산을 지키기 위한 박물관 직원의 처절한 사투는 제2차 세계대전에서 '기적적인 작전' 중 하나로 꼽습니다. 이래서 러시아의 매력은 알면 알수록 더 빠져듭니다.

푸시킨과 작별하고 '노르딕 3국' 중 첫 번째 나라, 핀란드로 넘어갑니다. 시벨리우스로 상징되는 음악과 사우나의 본고장이죠. 숲과 호수가 많아 어딜 가나 쾌적하고 여유로워 사람들이 정직하고 인심 좋기로 잘 알려진 나라입니다. 그래서 산타 할아버지가 핀란드 사람이 되었을까요? 그 의문을 현지에서 풀어봅니다.

'북유럽 사람' 하면 금발에 푸른 눈, 백옥 같은 피부를 연상하지만 핀란드 사람은 예외입니다. 작은 눈에 검은 눈동자, 게다가 언어는 우리말과 같은 어족인 우랄알타이 계통이라 한층 친근감을 느끼며 페달을 돌릴 겁니다.

헬싱키에서 거대 유람선을 타고 발틱해를 건너 스웨덴으로 갑니다. 국토는 북유럽에서 가장 크지만 인구는 천만 명이 못 됩니다. 몇 개의 도시 지역을 제외하고는 거의 무인지경이라 할 수 있죠. 그러니 1인 당 향유 면적이 넓어 수려한 자연환경이 잘 보존되고 야생이 살아 숨 쉽니다. 이들은 문화적으로도 매력적인 성취를 이루었습니다.

긴긴 밤 극야極夜 덕분일까요. 스웨덴인들은 인류에게 하루도 없어 서는 안 될 발명품을 쏟아냈죠. 다이너마이트의 노벨을 필두로 안전 성냥, 지퍼, 진공청소기, 초고화질 카메라, 치과용 임플란트 등을 만든 수많은 발명가를 키워냈습니다.

몇 년 전 경주 대릉원에 갔을 때, 스웨덴 황태자가 1926년 경주 서 봉총에 와서 신라 금관을 발굴했다는 기념비를 보고는 충격을 받은 적이 있습니다. 일제 치하에 왜 왔을까? 드디어 그 연유를 스웨덴의 옛 수도 움살라에서 알아보렵니다.

아바와 잉그리드 버그만, 테니스와 골프의 전설 비욘 보그, 애니카 소렌스탐을 키워낸 땅, 스웨덴의 매혹에 두 바퀴 나그네는 설레는 가 슴 안고 페달을 돌릴 겁니다.

이번 여정의 마무리는 탐험가의 나라 노르웨이입니다.

노르딕 3국 중 최북단에 자리한 노르웨이는 절승의 단애, 숨 막히는 피오르, 우주의 커튼이라 하는 오로라 등 자타가 공인하는 '자연의 제 왕'입니다. 자연환경만 멋진 것이 아니죠. 음악, 미술, 조각 등 뛰어난 예술가를 많이 배출했습니다. 문학 또한 빠지지 않죠. 〈인형의 집〉을 쓴 입센을 비롯, 노벨문학상 수상자를 세 명이나 배출했죠.

〈솔베이지의 노래〉의 고향이자 오래된 항구도시 베르겐을 유유자적 돌아봅니다. 중세 한자동맹 시절에 융성했던 자취는 물론, 북해산 고등어와 연어 시식도 여정의 일부로 당연 포함시켜야겠지요.

마지막으로 이번 여행의 하이라이트는 프람호 박물관이 있는 오슬로의 외곽 비그되이 지역을 방문하는 여정입니다. 유년 시절 내 꿈의 멘토이자 위대한 탐험가 3인방 아문센, 헤이에르달, 난센을 만나 오랫동안 가슴에 묻어두었던 소회를 전하고 긴 여정의 피날레를 장식하겠습니다.

인간도처유청산人間到處有靑山….

여행길에 '우주를 관통하는 진리를 터득했다' 한들 건강에 비견할 가치가 되겠습니까? 구릿빛 얼굴로 무사히 돌아올 때까지 안녕을 고합니다.

BikeCha

Contents

노르딕 3국

Chapter 5 청정한 자연 속의 핀란드

에스토니아

라트비아

리투아니아

발틱 3국

"유럽에 이런 나라들이 있었어?"
생소한 나라였다. 세 나라 인구를 합쳐봐야 800만이 못 된다.
면적 역시 세 나라 합쳐 한반도의 90% 좀 넘는 정도다.
세 나라란 에스토니아, 라트비아, 리투아니아를 말한다.
모두 EU 회원국이기는 하지만 사실 나에게 낯설었다.
보통 부르는 '발틱 3국'이란 말 자체도 공식 명칭이 아니다.
북해 발틱 해안에 접해 있어 편의상 부르는 이름이다.
에스토니아와 라트비아는 러시아와 국경을 맞대고 있고,
리투아니아는 러시아, 폴란드, 벨라루스와 국경을 맞대고 있다.
알고 보면 지정학적으로 우리와 비슷한 점이 많다.
주변 강대국에 둘러싸여 중세부터 잦은 침략을 당했다.
그럼에도 불구하고 그들만의 고유 언어와 문화 전통을 꿋꿋이 지켜왔다.
세 나라를 거치는 동안 나는 줄곧 동병상련의 심정으로 페달을 밟았다.
시련의 역사에 공감했고, 아름다운 국토를 체험했으며,
이들이 베푼 넉넉한 인심에 감동받았다.
그리고 그들이 숱한 역경을 딛고 자유를 쟁취한 것은
나에게 던진 묵직한 메시지였다.

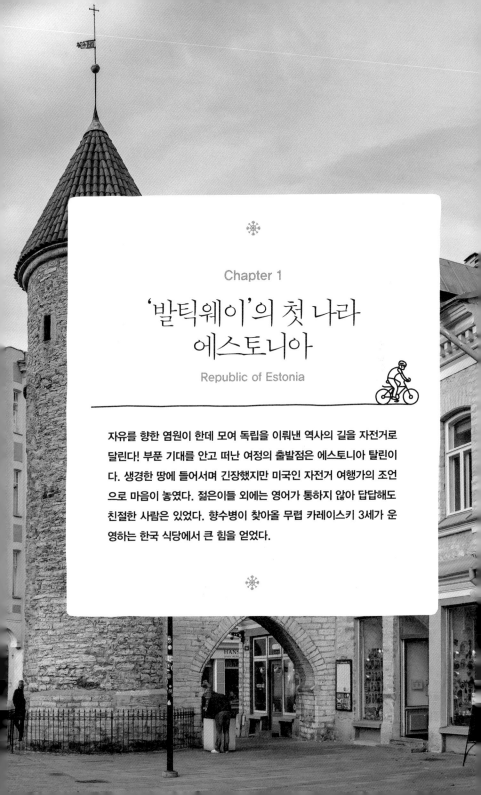

Chapter 1

'발틱웨이'의 첫 나라
에스토니아

Republic of Estonia

자유를 향한 염원이 한데 모여 독립을 이뤄낸 역사의 길을 자전거로 달린다! 부푼 기대를 안고 떠난 여정의 출발점은 에스토니아 탈린이다. 생경한 땅에 들어서며 긴장했지만 미국인 자전거 여행가의 조언으로 마음이 놓였다. 젊은이들 외에는 영어가 통하지 않아 답답해도 친절한 사람은 있었다. 향수병이 찾아올 무렵 카레이스키 3세가 운영하는 한국 식당에서 큰 힘을 얻었다.

1989년 당시 Human Chain 기록사진

인간사슬 650km의 기적

1989년 8월 23일, 맑은 날씨였다. 저녁 7시가 되었지만 북유럽 여름 특유의 백야 현상으로 해는 질 기미도 보이지 않았다. 이때부터 에스토니아·라트비아·리투아니아 세 나라 국민 200여만 명이 일제히 거리로 쏟아져나오기 시작했다. 이들은 손에 손을 맞잡고 '인간사슬 Human Chain'을 만들었다. 그리고는 각자 자국 언어로 "자유!"를 외쳤다.

"비바두스!" 에스토니아어
"브리비바!" 라트비아어
"라이스베스!" 리투아니아어

사슬은 속박의 상징이다. 인간사슬은 에스토니아 탈린에서 라트비아 리가를 거쳐 리투아니아 빌뉴스까지 무려 650km나 이어졌다. '인간이 만든 가장 긴 띠'로 기네스북에 올랐고, 유네스코 세계기록유산으로도 등재되었다.

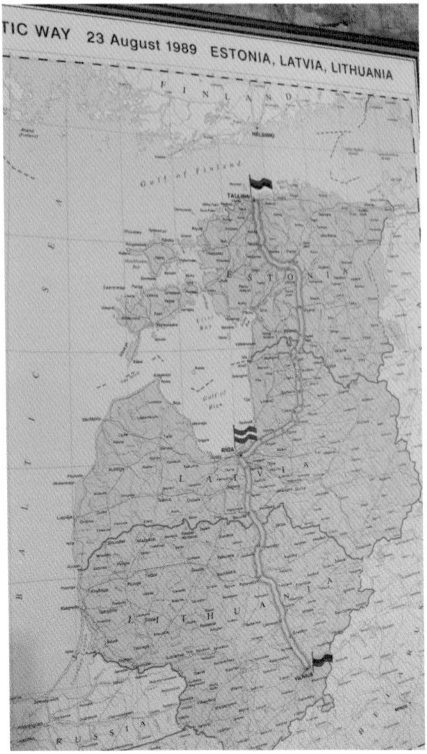
TIC WAY 23 August 1989 ESTONIA, LATVIA, LITHUANIA
'인간사슬' 650km 발틱웨이

세 나라 모두 2차 세계대전의 소용돌이를 피해가지 못했다. 1939년 8월 23일, 히틀러와 스탈린이 맺은 '독소 불가침 조약'으로 인해 러시아 속국으로 전락하며 세계지도에서 사라졌다.

'인간사슬'의 날은 주권을 빼앗긴 지 정확히 50년 되는 시점이었다. 역사상 이보다 더 가슴 뭉클하고 평화적인 시위가 있었을까! 누구도 보지 못했고 그 어떤 상상력도 뛰어넘는 인류 역사상 최대 이벤트를 로이터, AP 등 세계 유력 통신사들은 하늘에서 땅에서 온 지구촌에 생방송으로 중계했다.

간절한 염원이 만들어낸 이 아름답고도 놀라운 퍼포먼스–인간사슬이 이어진 길을 '발틱웨이Baltic Way'라 부른다. 세계인은 감동했고 아낌없는 공감과 지지를 보냈다.

결과는 엄청났다. 이듬해 리투아니아를 필두로 세 나라 모두 피 한 방울 흘리지 않고 러시아로부터 독립을 쟁취했다.

행운의 조력자

헬싱키에서 탈린Tallinn행 페리에 몸을 실었다. 바닷길 80km, 핀란드 만을 건너면 에스토니아 탈린항에 닿는다. 내가 탄 배는 '실야 라인'의 거대 호화 페리로, 면세점은 물론 식당도 여럿 있었다. 운임은 요일별, 시간대에 따라 크게30~60유로 다른 점이 특이했다.

자유를 향한 수많은 사람들의 염원이 한데 모여 독립을 이뤄낸 현장. 부푼 기대를 안고 여정을 시작한 곳은 에스토니아의 수도 탈린이었다. '휴먼 체인 650km'의 시발점이자 종착점이다. 탈린은 2011년 '유럽 문화수도'로 선정되면서 북유럽 인기 관광도시로 급부상하고 있다.

유유상종, 배에서 마크 힐만이라는 미국 시애틀에서 온 자전거 여행가를 만났다. '발틱의 길' 여정에서 만난 첫 번째 인연이다. 우리는

뜻밖의 조력자, 미국인 마크 힐만

자전거를 매개로 목적지에 도착할 때까지 지루한 줄 모르고 이야기를 나누었다. 마크는 핀란드계 미국인으로, 이 일대가 고향 땅이나 다름없다고 말했다. 친절한 조력자를 만나 절절한 충고를 들으니 출발 조짐이 좋다. 여러 차례 발틱 3국을 자전거로 여행했다는 그는 내게 용기를 북돋우며 다양한 정보를 주었다.

긴 인연이다. 마크와 함께 아라뱃길에서.

-자전거 문화를 기대할 수 없으니 스스로 '방어 라이딩'하라.
-시장경제 체제가 확립될수록 빈부격차가 커져 자전거 도난이나 소매치기가 심하다.
-길을 물어볼 땐 가급적 젊은 사람이 좋다.

-발틱 국가들이 EU 가입국이기는 하지만, 공산 치하에서 독립한 지 20여 년밖에 안 되기 때문에 기본 인프라 시설이 턱없이 부족하다.
-당시 '발틱웨이'는 수도와 수도를 연결하는 고속도로가 대부분이라 사실상 자전거 통행은 어렵다. 하지만 발틱 3국에서 자전거로 달릴 수 있다면 그것이 다 '역사의 길'이다.

● 마크와 인연은 이것이 끝이 아니었다. 여행을 끝내고 한국에 돌아온 지 몇 달 후, 마크는 자전거 여행차 한국을 방문했다. 나를 믿고(?) 시애틀에서 서울까지 왔는지도 모르겠다. 내가 국토 종주를 추천해, 인천 정서진에서 출발해 부산 을숙도까지 일주일 만에 주파했다. 여행 소감은 "원더풀!" 연발이었다. 인심과 제반시설이 너무 완벽해 "세계에서 자전거 여행하기 최고로 좋은 나라"라는 찬사를 아끼지 않았다.

'발틱웨이'에 첫발을 내딛다!

   문화와 언어가 생소한 지역이라 적잖이 긴장했지만, 경험자 마크와의 대화로 다소 마음이 안정되었다. "처음은 항상 어렵다"라는 서양 속담을 떠올렸다. '그래, 다 사람 사는 곳인데 닥쳐보자! 내일 걱정거리를 오늘 끌어다 할 필요는 없다. 상상 속의 최악의 사태는 한 번도 현실로 나타나지 않았다' 하며 스스로 마음을 다잡고 탈린항에서 첫 페달을 힘차게 밟았다.

   숙소에 짐을 풀자마자 단출한 행장으로 구시가로 향했다.

   인구 40만 정도인 탈린의 볼거리는 바날린^{Vanalinn}이라 불리는 구시가지에 다 모여 있다. 탈린항에서 2, 3km 떨어져 있어 걸어서도 무리 없는 거리다.

   페달을 밟으며 구시가를 돌아보니 감동적인 장면을 만들어낸 에스

탈린의 옛 성벽. 돌이 풍화된 것으로 보아 많은 세월이 흘렀음을 알 수 있다.

탈린 구시가지의 대표적 거리 카타리나 골목

토니아 사람들의 삶이 고스란히 눈에 들어왔다. 역사는 사람이 만들고, 기적 또한 사람이 만든다고 했나. 길 위에서 만난 사람들 모두가 그 주인공처럼 느껴졌다.

　발틱 3국은 중세시대 고성과 옛 거리를 그대로 보존한 곳이 많다. 그래서 유럽의 과거와 최근 모습을 한눈에 볼 수 있다. 이곳 탈린의 구시가지 역시 중세 동맹 당시 무역으로 번성했던 중세 분위기를 오롯이 간직하고 있다. 한자동맹이란 중세시대 독일 북쪽과 발틱해 연안에 있는 여러 도시들이 해상 교통의 안전을 보장하고, 공동 방호와 상권 확장 등의 목적으로 결성된 조직이었다.
　건물 곳곳에 당시 쓰던 도르래의 흔적이 남아 있다. 과거 물류 이동이 빈번했음을 짐작해볼 수 있었다.

고즈넉한 분위기를 자아내는 구시가지 카타리나 골목Katarina kaik에 들어섰다. 지금까지 내려오는 수공업 공방 조합인 카타리나 길드가 아기자기한 공예품, 미술품을 전시하고 있어 중세풍 분위기를 만드는 데 한몫하고 있다. 과거에 수도원이 있던 곳이어서 당시 수도원에 안치되었던 망자, 고관대작들의 비석을 골목 벽에 부착해 독특한 장면을 연출하고 있었다. 타임머신을 타고 중세 골목길을 거닐며 '시간여행'을 만끽했다.

중세시대 뒷골목을 거닐며

오래된 성벽과 붉은 지붕들, 세월에 풍화된 돌담을 따라 돌바닥 골목길이 이어져 있었다.

'마카담 도로중세 유럽에 건설된, 마차를 위한 돌길' 위를 자전거로 달리니 충격이 심해 시속 10km를 넘기가 힘들다. 내 '애마'는 산악용이 아닌 여

중세 유럽 냄새가 물씬 나는 시청 광장

과거 귀족만 살았다는 톰페아 언덕에서 본 시내 전경. 멀리 탈린항이 보인다.

행용으로 완충기가 없기 때문이다. 타이어 폭을 1.5인치로 할까 망설이다 1.75인치로 장착한 것이 그나마 다행이란 생각이 들었다. 접지면을 넓히려고 타이어에서 바람을 좀 빼내 공기압을 줄였다. 그러니까 덜 튀어 타기가 훨씬 수월했다. 그 옛날 완충장치 없이 마차를 탄 귀족들의 엉덩이도 편치 못했으리라 상상하니 웃음이 나왔다.

"아는 만큼 보인다."

이 말은 자전거 여행을 하는 사람들을 위한 말이 아닐까. 여기저기 다니며 보고 듣고 느끼는 데 자전거만 한 교통수단이 없다고 나는 단언한다. 여행의 재미는 속도와 반비례한다. 더도 말고 덜도 말고 적당한 거리에서 현지인과 함께하며 골목 구석구석을 돌아보는 것, 이것이야말로 자전거 여행이 주는 느림의 미학이자 즐거움이다.

탈린에서 대표적인 명소는 전망 좋은 '톰페아 언덕'이다.

국회의사당으로 사용되는 톰페아 성을 지나 경사진 길을 따라 올라갔다. 정상에 서니 탈린 항구와 신·구도심의 조화를 이루는 건물들이 눈 아래에 펼쳐진다. 언덕을 내려와 일명 '쌍둥이 탑'이라 불리는 비루Viru 문으로 들어서니 고딕 건물 양식이 즐비한 시청 광장이 나온다. 건물 양식에 따른 세심한 예술성을 보는 순간 "아, 여기도 엄연히 과거 유럽의 화려했던 영화를 간직하고 있구나!"라는 느낌이 들었다. 로마나 피렌체, 파리에서 느낄 수 없는 독특한 맛, 그것을 즐기는 것 또한 에스토니아 여행에서 얻은 큰 수확이었다.

한국 식당을 찾아 헤매다

여행에서 가장 큰 적은 '향수병'이다. 이 병에 약은 없다. 다만 증상을 완화시키는 한 가지 방법이 있다. 한국 음식을 배불리 먹는 것이다. 집 떠난 지 얼마나 되었을까, 쌀밥과 시큼한 김치가 그리워졌다. 여행 리듬이 안정된 궤도에 접어들었다는 말도 된다.

혹시나 하는 심정으로 여행안내소를 찾아 한국 식당이 있는지 물으니 시 외곽에 한 군데 있다는 것이 아닌가! 역시 내 추측이 맞았어! 쾌재를 부르면서도 도대체 어떤 분이 여기까지 와서 한국 식당을 할까 궁금증이 앞섰다.

한국 식당은 지도만으로 찾아가기가 쉽지 않았다. 스마트폰 '내비'도 별 효과가 없었다. 우선 거리에 사람이 없어 물어볼 대상조차 없다. 가끔 만난 사람도 영어가 거의 통하지 않아 차라리 내가

헤매는 나를 한식당까지 데려다준 친절한 에스토니아인

몇 마디 구사하는 러시아어가 더 유용할 정도였다.

운이 따랐을까… 마침 말쑥하게 생긴 한 중년 남자가 저만치 눈에 띄었다. 얼른 페달을 저어 다가가 지도를 들이대고 물었다. 그가 난감한 표정을 짓더니 이렇게 말했다. "당신은 지금 엉뚱한 곳을 헤매고 있어요. 나를 따라와요, 데려다줄 테니."

반갑다, 한글! '아리랑' 한식당

순간 망설이지 않을 수 없었다. '대체 무얼 믿고?' 불안감이 엄습했지만 어쩔 수 없지. 이것도 '여행 운'이라면 운이겠지. 집 떠나 여행길에 오를 때 내 마음에 되새기는 말, '심소담대心小膽大. 작은 일에 마음 쓰고 큰 일에 대담함'를 떠올렸다.

다시 한 번 그의 얼굴을 살펴보았다. 선한 눈을 보니 조금은 안심이되었다. 순순히 그를 따라 차가 있는 곳으로 갔다. 마침 대형 픽업트럭이라 자전거를 분해하지 않고 실을 수 있었다.

한참을 달려 도착한 곳은 목적지 '아리랑' 식당 앞이었다. 자전거를 내린 다음 남자를 향해 작별인사를 했다. "스빠시바!감사합니다"를 연발하니 "다스비다니야!잘 가시오" 하고는 훌쩍 돌아서 가버렸다. 인사를 노어로 받아주니 러시아계 사람이 분명했다.

에스토니아 인구 30%가 러시아계이다. 무뚝뚝하지만 처음 본 이방인을 목적지까지 직접 차로 태워다준 친절은 에스토니아 사람들에 대한 좋은 인상으로 오래 기억될 것 같다.

눈물의 '디아스포라'

우여곡절 끝에 찾아든 식당 주인은 예상대로 카레이스키, 즉 고려인이었다. 카레이스키란 러시아를 비롯한 독립국가연합C.I.S 전체에 거주하는 한민족을 통칭하는 말이다. 독립국가연합은 소련이 1991년 해체된 뒤 새로 구성된 국가들이다.

1860년대 조선에서 흉년과 탐관오리의 수탈이 계속되자 많은 사람이 러시아 프리모르스키연해주, 약 17만km² 지역에 이주해 토지를 개척하며 정착했다. 경술국치 후에는 일본의 입제를 피하거나 독립운동을 위한 근거지가 되면서 그 숫자는 계속 늘어 20만 명에까지 이르렀다.

일본은 청일전쟁, 러일전쟁, 만주사변 등의 연전연승으로 세력이 날로 팽창했다. 이에 불안감을 느낀 스탈린은 카레이스키들을 일본 간첩 또는 반혁명분자로 몰아 올가미를 씌웠다. 그리고는 지도자급 인사 2천여 명을 처형하고, 일반 주민들은 머나먼 중앙아시아로 강제

에스토니아인들의 겨울나기

이주Diaspora 명령을 내린다. 1937년 늦가을의 일이다. 주어진 시간은 단 3일. 이들은 그간 피땀 흘려 이룬 전, 답, 집, 가축, 세간살이를 모두 두고 떠나야만 했다. 울부짖으며 저항하는 사람들에게 러시아군은 무차별 사격을 했다.

우리는 한국어로 서로 통성명을 했다. 그의 이름은 '세르게이 마가이'라는 고려인 3세였다. 내 여행 목적을 먼저 설명했다. 그는 반색하며 자리를 권하고는 주방에서 일하던 아내까지 동석을 시켰다. 그리고는 어눌하지만 우리말을 막힘없이 토해냈다.
"연해주에 살던 할아버지를 비롯해 전 가족이 우즈베키스탄으로 강제 이주당해 그곳에서 태어났습니다. 어렸을 적부터 부친에게서 이산의 아픔을 듣고 자랐지요."

자전거 백야기행

여행 중 과일은 나의 주 간식거리다.

한국인의 근성은 변치 않는다

잔혹한 공산당 수법의 전형이었다. 그는 믿기지 않는 이야기를 들려주었다.

"창문도 없는 기차 속에서 여러 날 시달리던 아이와 노인들은 탈수, 굶주림 등으로 많이 죽었습니다. 전염병, 부패의 악취로 시신을 달리는 기차 밖으로 던졌죠. 기차가 몇 시간 정차했을 때 이름 모를 땅에 급히 매장한 사람은 그나마 행운이었습니다."

이 대목에서 세르게이는 말문을 잇지 못했다. 살아남은 자들은 소위 '스탄땅이란 뜻'이라고 이름 붙인 중앙아시아 여러 지방에 강제로 내던져졌다. 지금의 우즈베키스탄, 카자흐스탄, 타지키스탄, 투르크메니스탄, 키르기스스탄 등지가 바로 한 서린 고려인들의 정착지였다.

이때가 늦가을, 수천 리 길을 왔지만 곧바로 적응이 어려워 많이 얼어죽었다고 했다. 세르게이의 할아버지는 우즈베키스탄에 '던져져'

고려인 세르게이와 그의 아내 비에리

"땅을 파고 거적을 덮어 그해 혹독한 겨울 추위를 넘겼다"고 했다. 엄혹한 환경에서도 새 생명은 탄생했다. 나이를 물어보니 6·25 전쟁통에 태어난 나와 동갑 아닌가!

격동의 동시대에 세상에 나온 우리는 반가움에 손바닥을 부딪치며 하이파이브를 했다.

"그간 여기저기 떠돌며 살아온 삶, 그 고생 이루 말로 다 못합니다. 중앙아시아 여러 나라와 러시아를 전전한 끝에 에스토니아까지 흘러와 정착했고, 아름다운 러시아인 아내와 결혼까지 했으니 나는 행운아지요."

그러면서 눈을 찡끗했다.

부인은 실제로 미인이었다. 내가 한국어로 질문을 하니 "한식의 '간'이라는 오묘한 맛에 빠져 주방일 하는 것이 즐거워요"라며 우리말로 대답해 더 정감이 갔다.

세르게이 마가이를 통해 나는 척박한 땅에 뿌리를 내린 한민족의 강인한 생존력을 절감했다.

"나라가 있다는 현실이 얼마나 다행한 일인지, 여행길에서 이것을 잊지 않으려고 태극기를 달고 다닌다오."

"맞아요! 러일전쟁에서 일본이 이겼기에 망정이지, 만약 러시아가 이겨 그들의 식민지가 되었다면 '카레이스탄'으로 전락해 아마 지금의 대한민국은 없었을 거예요."

"그럴까요? 역사에서 가정이란 부질없는 일인데…."

세르게이의 말에 나는 말끝을 흐렸다. 하지만 러시아와 그 주변국을 흘러다니며 대를 이어 살아온 세르게이의 말도 한번 곱씹어볼 만했다.

그는 내 여행 계획을 듣고는 무척 놀라는 눈치였다.

"아니! 자전거로 발틱웨이를 가다니요? 정말 대단한 일을 혼자 하시는군요. 당신이야말로 저력의 카레이스키입니다!"

세르게이는 활짝 웃으며 나를 향해 엄지손가락을 곧추세웠다. 곧이어 주방장인 러시아인 아내에게 김치찌개, 된장찌개를 푸짐하게 가져오게 했다.

'밥아, 너 본 지 오래구나!'

간만에 차려진 한식 앞에서 자제력을 잃고 게눈 감추듯 두 그릇을 비웠다. 먼 이국에서 느낀 한민족의 끈끈한 정, 그 '밥심' 덕분에 다음 목적지 타르투로 갈 새로운 힘을 얻었다. 이런 우연한 만남이 여정 출발지의 의미를 더해주고, 내일을 향한 기대감을 솟구치게 한다.

발틱 3국 젊은이의 현주소

에스토니아를 알기 위해서 타르투는 꼭 들러야 한다. 인구 10만 명 정도의 한적한 시골 도시지만 문화, 예술, 과학 등 에스토니아 정신 유산의 본향이기 때문이다. 북유럽 전체에서 오래된 명문 중 하나인 타르투 대학교를 필두로 교육부, 최고법원, 국가기록원, 과학단지 등 중요 기관들이 자리 잡고 있다.

타르투 대학은 각 단과대학이 한 곳에 모여 있는 것이 아니고 여기 저기, 언덕 너머에도 몇 개 대학이 있다. 캠퍼스 안에는 13세기에 지은 성당이 뼈대만 남아 고풍스런 중세 대학의 멋을 풍긴다. 야트막한 동산을 구름다리로 건너가면 이 대학 출신 유명 문인이나 과학자 동상들이 있어 산책하며 그들을 만날 수 있다.

마침 도서관 앞에서 공부하다 휴식 중인 타르투 대학생을 만나 잠

에스토니아 지성의 산실, 타르투 대학교

자전거 백야기행

타르투 대학생 티나

시 이야기를 나누었다. 티나라고 밝힌 그녀는 '러시아 교류학과' 졸업
반이라고 했다. 졸업 후 어떤 일을 하고 싶은지 물었더니 상기된 표정
으로 서슴없이 말한다.

"외교관이 되어 해외로 나가고 싶어요. 같은 과 친구들도 서유럽에
일자리를 구하고 싶어 열심히 노력하고 있어요."

"두뇌 유출이 많으면 에스토니아는 앞으로 누가 끌고 가죠? 희망이
없다는 건가요?"

나의 물음에 티나 양은 웃으며 말했다.

"임금이 낮으니 별수 없죠 뭐. 결혼이나 내 집 마련은 꿈도 못 꿔요.
그렇지만 잘될 거예요."

그녀는 일어나 미소로 작별인사를 대신하고는 다시 도서관으로 들
어갔다.

발틱 3국에서 젊은 두뇌 유출은 심각한 사회문제로까지 인식되고

있다. 마치 독일 통일 직후 많은 동독 노동자들이 서독으로 빠져나가
동독이 큰 어려움에 직면한 경우와 비슷하다.

발틱 3국 젊은이들과 대화해보니 취업과 여행이 큰 관심사였다. 결
혼 이야기를 하면 거의 시큰둥한 반응이다. 연애나 결혼, 출산을 포기
하는 '3포'는 기본이고 여기에 집과 사회관계까지 포기하는 '5포'까지
등장하니, 생존경쟁이 점점 치열해지는 것은 우리나라뿐 아니라 세계
적인 추세인 듯하다.

발틱국을 여행하며 영어가 통하는 젊은이들과 이야기할 기회가 많
았다. 반면 중·장년층과는 대화를 못했던 것이 아쉽다. 다시 이 지역
을 여행한다면 그땐 러시아어와 키릴 문자를 익혀와야겠다.

한 도시 두 국가

타르투를 떠난 자전거는 계속 남쪽으로 향했다.

90km를 달려 인구 2만 명 정도의 국경도시 발가Valga에 도착했다.
라트비아와의 국경선이 이 도시를 가로지르고 있어 흥미롭다. 지금은
EU로 통합되어 과거 국경검문소는 흔적만 남아 있다. 문득 지난해
독일을 여행할 때의 기억이 떠올랐다. 냉전시대 동서의 첨예한 대척
점이었던 베를린 찰리 검문소Checkpoint Charlie를 연상케 했다.

발가는 '한 도시 두 국가one city two states'란 별칭이 있다. 15,000명이

도심을 가로지르는 국경선. 몇 미터만 더 가면 라트비아다.

에스토니아에 거주하고 나머지는 라트비아에 산다. 러시아 치하에서는 엄격하게 비자를 받아야만 왕래가 가능했다. 지척에 둔 친척을 만나기 위해 일주일을 기다렸다거나, 양국의 청춘 남녀가 국경을 몰래 넘나들며 데이트하다가 발각되어 처벌받았다는 어이없는 에피소드만 전해 내려오고 있다.

국경을 넘으니 라트비아다.

당장 이정표 문자부터 달랐다. 발가가 아닌 발카Valka로 썼다. 시내를 이리저리 다니다 보니 두 나라를 여러 차례 넘나든 셈이었다. 양국 마트에 다 들어가 간식거리를 사보았는데, 라트비아가 좀 비싼 것 같았다.

탈린이나 타르투 같은 큰 도시와는 달리 지방 소도시로 갈수록 안전하고 물가도 저렴했다. 게다가 숙소 구하기도 쉽다. 무엇보다 사람들이 순박했고 넉넉한 인심이 마음에 들었다. 경제 사정이 좀 나은 에스토니아에 돌아와 하룻밤 묵어가기로 했다. 25유로짜리 B&B. 깨끗한 방에 아침도 먹을 만했고 주인도 친절했다.

여행은 인생을 길게 한다

그동안 긴장하고 매사 조심해서일까. 발틱 3국 중 첫 나라를 무사히 주파하고 나니 안도감과 그리움, 외로움이 동시에 밀려왔다. 외로움은 그림자처럼 여행을 함께하는 '또 다른 나'이다. 인생도 냉정하게 보면 혼자서 멀리 떠나는 여행길 아니던가.

외로움은 누군가가 채워줄 수 있지만, 그리움은 그 사람이 아니면 채울 수가 없다. 그리움은 모든 태어난 자의 숙명이다. 잠자리에 들었으나 여러 상념이 떠올라 쉽게 잠을 이룰 수 없었다. 별빛이 커튼 사이를 비집고 들어왔다.

여행은 어떤 형태라도 '센티멘털'을 동반한다. 기실 혼자 하는 여행이란 그리움이 찾아올 때 그 맛이 더욱 살아나고 진지해진다.

여행은 인생을 길고 풍요롭게 만든다. 인간은 시간과 공간의 지배를 받으며 살아간다. 주어진 시간, 즉 수명이라는 한계는 피할 수 없지만 대체로 공평하게 주어진다. 하지만 공간은 의지 여하에 따라 크게 바뀔 수 있다. 똑같이 100살을 산 사람일지라도 공간의 확장, 즉 여행을 많이 한 사람과 그렇지 않은 사람과 삶의 질이 어찌 같을까.

인생길에도 이정표가 있다면 얼마나 좋을까.

삶의 전환점, 꿈을 향한 도전이다!

나는 어릴 적부터 꿈이 세계여행이었다.

우리나라 해외여행의 선구자인 김찬삼1926~2003 교수를 알고부터였다. '세계의 나그네'로 불리는 그는 여행가가 아닌 모험가였다. 1960년대 해외 배낭여행, 특히 아프리카는 목숨을 건 모험 수준이었다. 나는 그의 자취를 자전거로 달려보고 싶었고, 그가 했던 것처럼 여행 기록을 책으로 남기고 싶었다.

성년이 되어 한 직장에서 25년 동안 조직의 일원으로, 한 가정의 가장으로 앞만 보고 달려왔다. 30~40대에는 북아프리카 건설 현장에서만 10년 넘게 근무했다.

노력한 만큼 성과도 있어 나름 남부럽지 않게 살고 있었다. 하지만 그즈음 '중년의 방황'인 사추기思秋期가 시작되었다. 언제까지 계속 이대로 가야만 할까? 지금 이 모습이 내가 진정으로 원했던 삶인가? 더 늦기 전에 하고 싶은 것 제대로 해보고 죽어야 하지 않나? 밤하늘 별똥별을 보며 빌었던 어린 시절의 꿈은 다 어디로 갔나?

엉킨 실타래 같은 생각들이 파도처럼 밀려왔다 사라지곤 했다. '결단의 시간'이 다가오고 있음을 직감했다. 하나를 얻기 위해 둘을 버려야 함은 인생사의 자명한 이치. 무엇보다 꿈을 실현하는 것이 인생길에서 결코 뒤처지는 것이 아니라는 확신이 필요했다.

자전거 타기는 무엇보다 재미있다. 내 다리 연장선상에 있어 한 몸이나 마찬가지이다. 걷기보다는 속도감이 있어 변하는 풍경을 감상하는 즐거움이 크다. 평소 차 속에서 볼 수 없었던 것들이 신기하게도 안장 위에서는 눈으로, 가슴으로 들어온다. 또한 접근성이 용이해 마음먹은 데라면 어디라도 갈 수 있다. 무엇보다 좋은 점은 여행 중 체력이 점점 좋아져 정신까지 맑아진다는 점이다.

"여행은 성공의 지름길이다"라고 동서고금의 선현들은 말했다. 이 말을 풀어보면, 여행의 본질은 새로운 것을 발견해 삶을 완성해가는 자기계발 과정이며, 그 결실이 성공이란 의미이다. 동양인 박지원의 〈열하일기〉, 아프리카인 이븐 바투타의 〈리흘라Rihla〉, 서양인 체 게바라의 〈모터사이클 다이어리〉도 무엇인가 성취를 위해 안락한 집을 떠나 험난한 여행길에 도전한 선구자의 이야기이다.

나이 오십 줄에 꿈을 좇아 자전거 세계여행으로 삶의 전환점을 만들었다. 꿈은 꿈을 낳는다. 그 꿈을 통해 타자의 인생관에 좋은 영향을 미칠 수 있다면 그것은 성공한 인생이다. '조직'은 떠났지만, 인생 후반전도 멋지게 장식하고 싶다. 나는 두 번 태어났다. 한 번은 어머니 자궁에서, 또 한 번은 여행을 통해서.

국경의 밤은 깊어만 간다.

타르투시 중심 광장

Chapter 2

시련을 딛고 우뚝 선 라트비아

Republic of Latvia

두 번째 나라, 라트비아에 들어섰다. 수도 리가는 인구 80만으로 상업과 무역의 중심지이다. 가수 심수봉이 불러 잘 알려진 〈백만 송이 장미〉 원곡 작사자의 고향이 여기다. 한때 러시아 최고 인기 가수였던 빅토르 최가 공연 후 교통사고로 사망한 곳도 이곳이다. 지금으로부터 117년 전, 이 나라 조그만 항구에서 러시아 발틱함대가 동쪽의 블라디보스토크를 향해 출항했다. 지구 반 바퀴를 돌아 대한해협을 지나갈 때 기다리던 일본 연합함대에 의해 부참히 궤멸되었다. 그 결과 조선은 일본 손아귀로 넘어가는 비운을 맞았다. 먼 이역에서 조선왕조의 최후를 결정한 '역사의 현장'을 돌아보는 소회는 각별했다.

과거의 영화를 간직한 도시

라트비아 여행은 수도 리가에서부터 시작했다.

리가만The Gulf of Riga에 면한 리가는 세계 각국 상선, 대형 유람선이 수시로 드나든다. 도심을 가로지르는 다우가바Daugava강 역시 내륙 수운에 큰 역할을 하고 있다. 이런 지리적 이점으로 리가는 중세부터 무역으로 많은 부를 축적해왔다.

리가는 과거 독일이 건설했던 도시다. 13세기 초 로마 교황은 발틱 지역 일대를 개종시키기 위해 독일 기사단기독교도의 안전을 지켜주던 군사조직을 이곳으로 파견했다.

브레멘 주교였던 알베르트가 라트비아 원주민인 리브족들이 살고 있는 이곳에 교구를 설립하고 선교를 앞세워 지배를 시작했다. 이들 간의 피나는 투쟁은 당연지사. 물론 독일이 승리하여 13세기 말엽에 리보니아 공국 수도였던 리가는 한자동맹의 회원 도시로 승격한다. 그후 여느 해양 도시들처럼 발전해가지만 지배자와 피지배자의 갈등은 계속된다.

자전거 백야기행

반갑다, 이정표! 리가가 멀지 않았구나!

　16세기부터는 러시아, 스웨덴, 폴란드 등으로부터 끊임없는 침략과
수탈이 이어진다. 그러나 러시아 지배하에 들어간다. 지난 1989년 독
립, 공산 체제의 구태를 벗고 하루가 다르게 발전하고 있다.
　라트비아는 서유럽보다는 한국의 경제발전을 벤치마킹하고 있다고
한다. 이미 우리 대기업도 여럿 진출하여 많은 성과를 올리고 있다.
이들 손에 들려진 휴대폰이 거의 국내 S사, L사의 제품인 걸 확인하니
내심 흐뭇했다.

　'아르누보Art Nouveau, 새로운 건축 양식' 지역을 찾았다. 과거 번영을 누렸
던 시절에 건축된 정교하고 화려한 건물들이 그대로 남아 있다. 눈길
을 사로잡는 건물에 입에선 탄성이 절로 나왔다.
　"아, 이래서 '북유럽의 파리'란 별칭이 붙었구나!"

20세기 전후 유럽에 유행했던 아르누보 건축 양식의 국립극장

어린 시절의 추억을 떠올리며…

다시 페달을 돌려 구시가를 돌아보았다.

고색창연한 리가 구도심은 '예술도시'로도 손색이 없다. 19세기 말에서 20세기 초에 유행하던 화려하면서도 정교하게 장식한 건물들이 그대로 남아 있다.

구시가 중심가에 재미있는 조형물이 하나 서 있다. 어린 시절에 읽었던 그림형제의 동화 중 '브레멘 음악대'에 나오는 네 마리 동물상^당 나귀, 개, 고양이, 닭이다. 이 상^像은 과거 독일과의 인연으로 브레멘시가 기증한 것이다. 여기에 손을 대면 행운이 온다는 속설로 제일 아래에 있는 당나귀 발은 닳아서 반짝반짝 광이 난다. 지금은 '증명사진' 명소로 자리매김을 했다. 나 역시 손을 대고 인증샷을 찍었다. 누가 주장했는지 모르지만 군중 심리설은 '정설'이다.

시내 중심부에 있는 '자유의 여신상'

리가 중심가인 자유로Brivivas iela를 찾았다. 라트비아 독립을 상징하는 '자유의 여신상'이 우뚝 솟아 있다. 리가의 랜드마크라 할 수 있는 건축물이다. 1차 세계대전 후 잠시 독립을 성취했을 때 만들었다. 높이 42m로, 라트비아 신화에 나오는 사랑의 신 밀다Milda가 세 개의 별을 받들고 있는 형상인데, 별은 라트비아를 구성하는 행정구역을 의미한다.

리가에서는 이 여신상만 찾으면 되니 길을 잃을 염려가 없어 좋았다 그만큼 고층건물이 적고 시내가 복잡하지 않다. 인구나 도시 규모로 보아 아직 지하철이 없고, 버스나 트램전차으로도 충분해 보였다. 차량이 적으니 발틱 3국 도시들은 대기가 깨끗했다.

마침 리가 시내를 누비는 트램 종점 부근에 숙소를 잡았다.

아, 전차 종점….

의식의 흐름대로 그 옛날 아련한 향수가 떠올랐다. 지금은 박물관에서나마 볼 수 있는 땡땡땡 종소리 울리며 달리던 서울의 노면 전차.

독일 동화 〈브레멘 음악대〉에 등장하는 네 마리 동물상

1960년대 초, 내가 살던 집이 서울 돈암동 전차 종점 부근이었다. 내가 다니던 학교는 4km 정도 떨어진 혜화초등학교당시는 국민학교. 전차를 타고 등교하면 그날은 '운수 좋은 날!'

그 시절 나는 유복하지 못해 별로 행복하지 않았다. 그렇다고 크게 어려운 일 겪어본 적은 없었지만 빨리 어른이 되고 싶은 생각뿐이었다. 당시 내 일기장엔 "나는 언제 어른이 되고 환갑이 되나?"는 말이 여러 번 나온다. 이제 와 돌이켜보면 고마운 나날들이었다.

둔한 머리, 무딘 손으로 이만큼 살아온 것도 기적이다. 기적이 별건가! 옛날 같으면 이미 저세상 사람이 되었어도 전혀 섭섭지 않을 나이다. 게다가 좋아하는 자전거로 온 세상 길바닥을 누비며 글을 써 책을 펴내고…. 이 모두 과분한 것이라고, 나는 오늘밤도 나를 다독인다.

리가를 빛낸 두 예술인

'검은 머리 전당The Houses of Blackhead'
은 찬란했던 리가 역사를 말해주는
건물이다. 늘 많은 사람들이 붐비는
최고 인기 장소이다.

건물 외부 장식, 특히 흑인 성녀상
은 이 건물의 백미다. 수세기 전부터
노예사냥으로 악명 높았던 유럽인들
이 아니던가! 알고 보니 중세시대에
아프리카나 남미를 무역 대상지로 삼
았으므로 안전 항해를 위해 모리셔스

검은 머리 전당의 벽면 부조

출신 흑인 성인Saint Maurice을 수호신으로 모신 까닭이다.

중세 때 번성했던 도시 브레멘, 뤼벡, 함부르크 등의 문장紋章과 함
께 해상무역과 관련된 신, 포세이돈이나 헤르메스가 부조되어 있다.
1344년 처음 지었으나 2차 세계대전 때 파괴된 것을 리가 정도 800주
년을 맞아 새롭게 재단장했다.

이번 여행을 떠나기 전 나의 '웹 서핑'에 걸린 두 사람, 배우 미하
일 바리시니코프Mikhail Baryshinikov와 작곡자 라이몬즈 파울스Raimonds
Pauls가 이곳 리가 출신이다. 영화 〈백야白夜〉, 그 제목만으로도 호기심
을 자극했었다. 소련 공산 체제가 무너지기 전, 자유를 찾아 한 유명
발레리노가 우여곡절을 겪으며 서구 세계로 망명한다는 줄거리이다.

검은 머리 전당 앞에서. 1344년 지은 이 건물은 2001년 리가 정도 800주년을 맞이
재단장했다. 현재는 길드 박물관, 콘서트 홀로 사용하고 있다.

A WHOLE NEW
MOTION PICTURE EXPERIENCE
IS ON THE HORIZON.

MIKHAIL BARYSHNIKOV · GREGORY HINES

WHITE
NIGHTS

COMING SOON TO A THEATRE NEAR YOU.

영화 〈백야〉 포스터

1986년 우리나라에도 개봉되어 잔잔한 반향을 불러일으켰다. 주인공 바리시니코프의 고향이 리가이다.

영화 중간중간 펼쳐지는 주인공의 춤 솜씨는 관객들의 경탄을 자아냈다. 나 역시 이것만으로도 영화 값은 아깝지 않았다. 댄스영화는 실패한다는 징크스를 보기 좋게 깬 작품이다. 또 하나 눈길을 끈 것은 여주인공의 미모. 모전여전이라 했던가. 그녀는 흘러간 은막 스타, 스웨덴 출신 잉그리드 버그만의 딸이었다.

먼 옛날 어느 별에서
내가 세상에 나올 때
사랑을 주고 오라는
작은 음성을 들었지
사랑을 할 때만 피는 꽃
백만 송이를 피워오라는~

'명예의 전당' 거리에 있는 〈백만 송이 장미〉
작곡자 라이몬즈 파울스의 핑거 프린트

가수 심수봉이 불러 잘 알려진 번안가요 〈백만 송이 장미〉이다. 이 곡의 작곡자 라이몬즈 파울스가 이곳 출신이다. '명예의 전당' 거리에 있는 그의 핑거 프린트finger print에

내 왼손을 대보니 신기하게도 꼭 들어맞았다. 재미있는 것은 대부분의 사람들이 그렇게 '착각한다'고 한다.

이 곡은 한 지역방송이 개최했던 가요제 수상작이었다. 라트비아가 소련 지배하에 있던 1981년의 일이다. 제목은 〈마리냐가 준 소녀의 인생〉이었다. 마리냐Mārina는 라트비아 신화에 나오는 여신으로, 조국 수호를 암시한다. 당연히 가사 내용은 심수봉이 열창한 '사랑'과는 거리가 멀다.

한참의 시간이 흐른 후 러시아 가수 푸가체바Alla Pugacheva가 러시아어로 불러 세계적으로 알려졌다. 그래서 러시아 가요로 오해하는 사람이 많다. 피지배국의 설움이다. 일장기를 달고 뛴 손기정 선수처럼.

그것이 알고 싶다!

리가 하면 잊지 못할 가슴 아픈 사건이 발생한 곳이다.

한국계 러시아 록 가수 '빅토르 최1962~1990'는 공연을 마치고 숙소로 돌아가다 의문의 교통사고를 당해 숨졌다. 반대편에서 오던 트럭이 중앙선을 넘어 덮쳤다고 한다. 정부 당국이 밝힌 사고 원인은 아무도 믿지 않았다. 진실은 아직 미완의 장에 남아 있다. 당시 소련은 개혁 개방세력과 체재 수구세력 간의 대립이 극심할 때였다. KGB의 음모설이 파다했다. 이듬해 소련은 붕괴되지 않았나….

'아버지의 나라' 서울 공연을 몇 달 앞두고 그는 떠났다. 스물여덟의 짧은 삶, 그러나 뚜렷한 족적을 남겼다.

나는 여기서 일제 치하 스물여덟, 같은 나이에 생을 마감한 비운의 시인 윤동주를 떠올렸다. 주옥같은 언어로 나라 잃은 아픔을 영혼의 언어로 절창絶唱처럼 쏟아낸 그는 후쿠오카 형무소에서 생체실험 제물이 되고 말았다. 그것도 광복을 불과 몇 달 앞두고….

내 스마트폰에는 빅토르 최의 히트곡 〈혈액형〉, 〈개미집〉, 〈뻐꾸기〉 등 20여 곡이 들어 있다. 가사는 러시아어여서 내용은 잘 모른다. 하지만 호소력 짙고 애조 띤 매혹의 저음을 나는 좋아한다. 어둠이 내리는 다우가바 강변 벤치에 홀로 앉아 듣는 노래는 한층 더 애절했다.

요청의 힘

다우가바 강변에 있는 점령 박물관을 찾았다.

침략과 강점기에 관련된 자료들을 전시하는 곳이다. 아무리 둘러보

점령 박물관의 마르타 양. 개인 소장품까지 보여주는 열의에 감동했다.

아도 '발틱의 길' 관련 사진이 없어 담당 직원인 마르타 양에게 내 여행 목적을 설명하고는 도움을 청했다.

"자전거로 그 길을 달리기 위해 한국에서 여기까지 왔는데 관련 자료가 없네요. 어떻게 하죠?"

자전거 백야기행

개인 소장품 사진. 장애인도 참여한 것이 놀랍다.

"이 박물관은 러시아나 독일 치하에 있을 때의 기록물만 전시하는 곳이에요."

얼마간의 시간이 지난 후, 그녀는 내일 다시 방문한다면 직원들의 집에 각자 보관 중인 사진과 함께 사람들의 경험담을 들려주겠다고 약속했다.

지금까지 많은 나라를 여행하며 박물관, 미술관, 기념관을 다녀보았지만 직원 개인이 소장하고 있는 자료까지 보여주겠다는 말은 처음 들었다. 간절한 요청에 대한 화답이라 생각했다. 또 한국과 라트비아가 피지배자 간 역지사지의 심정으로 공감대를 이룬 것도 한 이유였을 것이다.

다음날 다시 들러 귀한 자료들을 마음껏 보고 사진으로도 찍을 수 있는 행운을 누렸다. 그녀는 "당시 장애인들까지 휠체어 타고 참여했을 정도로 열기가 뜨거웠다"는 말도 잊지 않았다.

그들의 배려에 코끝이 시큰했다. 나는 자전거 여행을 할 때 곤경에

처하거나 도움이 필요하면 상대방에게 진지하고도 간절하게 요청한
다. 특별한 경우를 제외하고는 거의 목적을 달성했다. 진짜 세상은 인
터넷 검색창에서 찾을 수 있는 것이 아니다. 자기만의 오감을 열고 육
신을 움직여야만 알 수 있다.

역사 속 항구도시, 리에파야

리가를 떠난 자전거는 유르말라를 거쳐 리에파야Liepaja로 향했다.
  작고 아담한 유르말라는 발틱 해안의 휴양 도시로 유명하다. 그러
나 리에파야에 한시바삐 도착해야 한다는 생각에 '패스'했다.
  바다에서 불어오는 바람이 거세다. 패니어가 횡풍을 받아 자전거가
휘청거릴 정도였다. 서늘한 해풍이 얼굴을 때려도 땀이 솟았다. 리에
파야에 접근할수록 바람이 더 거세졌다. 아니나 다를까, 도시의 별칭
이 '바람의 도시'라고 했다.

  리에파야 인구는 10만 명 정도지만 이 나라에서는 3번째로 큰 도시
이다. 중심가에 리에파야 정도 750주년 기념 조형물이 서 있다. 긴 세
월을 상징하듯 대형 모래시계다. 가까이 가서 보니 모래가 아닌 콩자
갈만 한 작은 호박琥珀으로 채워져 있다. 발틱 연안은 품질 좋은 호박
산지로 잘 알려져 있다. 거리 좌판에서부터 화려한 쇼윈도 속까지 다
양한 가격대의 호박 장신구들이 즐비하다.
  아내 생각이 떠올랐다. 하지만 장거리 자전거 여행은 무게 줄이기

리에파야 시계(市界)

리에파야 정도 750주년 기념탑. 긴 세월을 상징하는 대형 '모래시계'. 실은 모래가 아닌 발틱해 산
작은 호박으로 채워져 있다.

리에파야의 전통음식인 리에파야 멘시니. 삶은 감자와 훈제 대구, 양파 크림소스와 라트비아 특유의 향신료가 들어가 있다.

라트비아는 국토에 비해 인구가 희박해 마트가 잘 나타나지 않으므로 비상식량 휴대는 필수!

와의 싸움이다. 호주머니 사정도 그렇지만, 있는 것도 버려야 할 처지에 지역 특산품이라도 그림의 떡이다.

다시 페달을 돌려 항구에 도착했다. 19세기 초부터 러시아는 식민지인 이곳에 대규모 해군기지와 요새를 건설해 북유럽의 패권을 거머쥐려고 했다. 자국에는 없는 부동항不凍港이었기 때문이다.

征露丸이 正露丸으로

일본은 조선을 두고 사사건건 러시아와 충돌했다.

조선을 차지하고 소위 '대륙 진출'을 하려면 러시아와의 전쟁은 피할 수 없는 현실이었다. 당시 러시아는 강대국이기는 했지만 노쇠했다. 그렇다고 일본이 만만하게 볼 상대는 아니었다. 객관적 전력으로는 러시아와 일본은 비교도 되지 않았다.

러시아는 육군 200만 명과 전함 배수량은 150만 톤이었으나, 일본은 여기에 반도 미치지 못했다. 그러나 전쟁의 결과는 숫자놀음으로 결판이 나지 않는다. 눈에 보이지 않는 기세, 즉 사기가 큰 영향을 미친다.

일본은 칭기즈칸 이래 유럽과 아시아의 첫 전쟁이라며 온 국민이 일치단결했다. 반면 러시아는 황실의 무능과 부패, 중과세 등으로 노동자, 농민의 원성이 극에 달했다.

어차피 할 전쟁, 선제 기습공격이 일본 싸움 문화의 전통이다. 1904년 2월, 일본은 제물포항에 정박 중인 러시아 순양함 바랴크호와 코리예츠호를 야밤에 격침, 러일전쟁의 신호탄을 쏘아올렸다. 물론 선전포고는 없었다. 그리고는 곧바로 러시아 태평양 함대 기지인 뤼순旅順항을 공격했다.

군부는 승리에 모든 수단을 동원했다.

상트페테르부르크 주재 무관 아카시 모토지로明石元二郎 대좌를 통해 후방교란, 즉 로마노프 왕조를 흔들어댔다. 아카시에게 거금 100만 엔현재 가치 200억 엔 상당의 공작금을 쓰도록 허락했다. 대령급 장교에게 이런 거금을 허락한 정부의 결단이 놀랍다.

아카시는 망명 중이던 레닌을 스위스, 스웨덴 등에서 만나 '혁명자금'을 주며 파업과 무력 봉기를 부추겼다. 아카시의 집요한 공작으로 러시아 내정은 더욱 불안해졌고, 반정부 세력은 반전운동을 더욱 맹렬하게 전개했다. 제1차 러시아 혁명으로 불리는 1905년 1월 '피의 일요일' 사건이 대표적 예이다.

러시아와 장기전을 펼칠 능력이 없었던 일본으로서는 러시아 정부

내 반전 인사의 조기 종전終戰 주장이야말로 승전에 버금가는 소득이었다. 이를 두고 이토 히로부미는 "아카시 혼자서 일본군 10개 사단 역할을 해냈다"라고 극찬했다.

당시 일본이 얼마나 승리에 간절했는지, 약 이름에까지 염원을 담았을 정도였다. 만주에 수질이 나빠 설사 환자가 속출, 작전에 차질이 생겼다. 급히 개발한 '크레오소드'라는 냄새 독한 까만색의 특효 설사약, 그 이름을 정로환征露丸, 러시아 정벌 알약으로 지어 전선에 보냈다. 물론 1945년 패전 후 정로환正露丸으로 바꾸었지만….

조선의 운명을 가른 발틱함대가 여기서 떠났다!

1904년 10월, 리에파야당시 이름은 리바우 항구는 부산했다.

"발틱함대는 극동을 향해 발진하라!" 러시아 황제 니콜라이 2세의 출전 명령이 떨어졌기 때문이다. 발틱해에서 나와 북해를 거쳐 대서양 남단 아프리카의 희망봉을 돌아 인도양을 지나 중국해를 거치고 대한해협을 지나 블라디보스토크까지. 석탄의 힘으로 장장 25,000km의 항해! 만주전선의 전황이 불리하자 이 같은 비장의 카드를 던진 것이다.

그러나 함대 이동은 무리수를 넘어 최악수였다.

참모들도 모두 반대했지만 황제는 고집을 굽히지 않았다. 그는 황태자 시절 일본을 방문한 적이 있었다. 이때 교토 인근 비와코琵琶湖에

당대 세계 최강 발틱함대의 거포

서 테러를 당했다. 쓰다 산조란 일본인 경호원이 죽일 목적으로 등 뒤에서 일본도를 힘차게 휘둘렀지만 천운으로 목숨을 건졌다. 그 트라우마 때문인지는 알 수 없다. 황제는 무능했고 국제 정세도 어두웠다.

1, 2차 영일동맹으로 영국은 일본을 앞세워 러시아의 남진 정책을 견제하고 있었다. 당시 일본의 경제력으로는 러시아와 전쟁을 치를 형편이 못 되었다.

어림잡아 10년 전 청일전쟁 비용의 10배를 예상했다. 이 금액은 그해 일본 GDP의 6년치 규모였다. 정보와 공작은 상트페테르부르크에 있는 아카시 대좌에게 맡기고, 전쟁 비용 조달은 다카하시 고레키요高橋是淸, 일본은행 부총재. 후일 20대 총리대신을 지냄에 맡겼다. 다카하시는 즉시 런던으로 날아갔다. 그는 세계금융시장 한복판에서 분투했지만 일본 국채를 선뜻 매입하려는 나라는 없었다.

그러나 행운의 여신이 다카하시에게 미소를 보냈다. 13세기 가미카제神風처럼 하늘이 도왔을까. 생각지도 않았던 국제 금융계 거물 제이콥 시프Jacob Henry Schiff가 그 앞에 나타난 것이다. 시프는 미국 유대계 로스차일드 그룹의 금융 대리인으로 일본 국채 매입을 적극 주선했다. 시프 덕분에 일본은 4차례에 걸쳐 현재 화폐 가치 50억 불에 해당하는 국채를 4.5% 금리로 전쟁 비용을 조달할 수 있었다.

지구 반 바퀴를 돈 7개월 항해 끝에

그러면 제이콥 시프는 왜 일본을 도우려 했을까?

부동항 리에파야. 지금은 한가로운 어항이지만,
위용을 자랑하는 발틱함대가 극동을 향해 출항했던 역사적 장소이다.

    그는 독일계 유대인이었다. 러시아 황제는 자국 내 유대인을 박해
했다. 반정부 세력에 유대인이 섞여 있다는 이유로 수많은 유대인을
체포, 처형하고 일반 주민은 발틱해, 흑해 등지로 소개 명령을 내렸다.
이에 시프는 분노하고 있었다. 시프는 일본은 물론, 러시아 혁명의 거
물인 유대인 레온 트로츠키Leon Trotsky도 적극 지원하고 있었다.

    일본은 다카하시가 조달한 돈으로 영국으로부터 전함과 포탄을 대
량 구입했다. 이로써 일본 연합함대는 발틱함대보다 한층 업그레이드
된 신식 장비로 전열을 갖추었다. 도고 헤이하치로東鄕平八郞 제독이 이
끄는 연합함대는 발틱함대의 항로를 예상하고 경남 진해에서 기다리
고 있었다. 그냥 기다린 것이 아니라 진해 앞바다에 있는 취도吹島를

향해 매일 함포 사격훈련을 했다. 어찌나 포를 쏘아댔는지 섬의 90%
가 없어질 정도였다.

리바우항을 출항한 발틱함대가 영국령 수에즈 운하를 통과하려 하
자 배가 크다는 이유로 거절당했다. 하는 수 없이 아프리카 최남단 희
망봉을 돌아 싱가포르에 도착하니 연료^{석탄}를 구할 수 없었다. 이곳 역
시 영국령이었다.

독일계 회사로부터 연기 많이 나고 효율 낮은 저질탄을 겨우 구했
다. 항해 7개월째인 1905년 5월 25일 새벽 안개 속, 지칠 대로 지친 수
병들을 실은 노란색 마스트의 발틱함대가 쓰시마 해협을 통과하고 있
었다. 선단은 긴 항해 길에 서로 식별을 쉽게 하기 위해 모든 배 윗부
분에 노란 페인트를 칠했다. 이것이 적들로 하여금 타격 목표물을 정
확히 알려준 셈이 되었다.

더 큰 전쟁의 씨앗을 잉태하고…

연합함대 기함^{旗艦}에서 전투 개시를 알리는 Z 수기^{手旗}가 올라갔다.
"황국의 존망이 이 전투에 달려 있다. 전 장병은 맡은 바 임무를 충
실히 수행하라!"
전함 3척, 순양함 27척, 구축함 21척, 기타 보조선 37척이 발틱함대
를 향해 전투 태세에 돌입했다. 종대로 지나가는 발틱함대를 횡대로
막아서며 일제히 포탄을 발사했다. 이는 T자 또는 丁자 전법으로 불

린다. 학이 날개를 펴는 형상으로 양쪽에서 협공을 펼쳤다. 이 전투 대형은 이순신 장군이 한산도대첩에서 펼친 학익진과 유사했다.

영국제 신형 시모세 소이탄은 발틱함대를 순식간에 불바다로 만들었다. 기세등등하게 리에파야항을 떠났던 38척의 함대는 하루 반나절 만에 궤멸되고 말았다. 기함 오로라호^{현재 상트페테르부르크항에서 전쟁기념관으로 변모}와 호위함 2척만 겨우 살아 블라디보스토크로 패주하고 말았다.

러시아 수병 5천 명 이상이 사망한 데 비해 일본의 사망자 수는 100명 내외에 불과했다. 이렇게 20세기 최초 전쟁은 해전 사상 유례 없는 일본의 압승으로 끝났다.

1884년^{메이지 17년} 창설된 연합함대는 불과 20년 만에 당대 최강 발틱 함대를 제압하고 세계 무대에 등장한 것이다. 일본의 저명 역사소설가 시바 료타로^{司馬遼太郎}는 역작 〈언덕 위의 구름〉에서 도고 제독이 전투 직전 '한 번도 패한 적이 없는 이순신 장군의 제^祭를 올리며 무운을 빌었다'라고 쓰고 있다. 그리고 도고는 승전 기념식장에서 "넬슨에 나를 비견하는 것은 용인하나, 조선의 이순신에 비하면 하사관^{부사관}도 못 된다"라고 말한 것으로 전해진다.

쓰시마 해전은 더 큰 전쟁을 예고하는 씨앗을 잉태하고 있었다. 연합함대 기함에는 21살짜리 야마모토 이소로쿠^{山本五十六} 신임 소위가 도고 제독으로부터 '해전 수업'을 받고 있었다. 36년의 세월이 흐른 1941년 12월, 야마모토는 연합함대 총사령관이 되어 하와이 진주만 미국 기지를 기습, 태평양 전쟁을 촉발시켰다.

발틱 포대에서 떠오른 제주도 생각

낯선 도시에 들어서면 첫째로 할 일은, 관광안내소에서 시티 맵을 구하는 것이다. 우선 시 외곽 북쪽에 위치한 카로스타^{Karosta} 지역을 향해 페달을 밟았다.

이 일대는 19세기 후반부터 러시아군의 거대한 군사기지였다. 해군 사령부에서 해군학교, 군 형무소까지 있었다. 가는 도중에 만난 카로스타 운하를 가로지르는 전장 132m짜리 개폐철교$^{swing\ bridge}$가 인상적이다. 부산 영도다리의 축소판 같다.

정식 명칭은 오스카 칼펙교. 군함이 드나들 수 있도록 90도로 벌어지는, 당시로선 최첨단 다리였다. '철의 마법사'라 불리던 에펠^{Gustave} $^{Eiffel,\ 파리\ 에펠탑\ 설계자}$이 설계할 정도로 당시 러시아의 위력은 드셌다.

다리를 넘으니 한적한 길이 이어진다. 리에파야 중심에서 한참 벗어났기 때문에 차량이 적고, 키 높은 방풍림이 솟아 있어 최적의 라이딩 코스였다.

옛 해군기지 '북방파제$^{North\ Breakwaters}$'를 찾았다. 당시 발틱해를 지키던 포대 흔적이 여러 곳 남아 있다. 얼마나 견고하게 만들었는지 130년이 지난 지금도 철근 콘크리트 구조물은 원형을 유지하고 있어 놀라움을 금치 못했다. 나의 짧은 군사 지식으로도 재래전 벙커나 교통호로 충분히 쓸 만했다.

문득 수년 전 제주도 자전거 투어 갔을 때의 생각이 떠올랐다. 송악산 부근 알뜨르$^{'아래\ 벌판'란\ 뜻의\ 제주도\ 방언}$ 비행장, 거의 80년 된 전투기

발틱해를 지키던 러시아 요새터

제주 알뜨르 비행장 격납고

격납고를 보고는 일본인들의 철저함에 놀란 기억이 오버랩되었다.

　일본은 이미 제주도를 군사 전략적 요충지로 간파하고 있었다. 원래 이 지역 알뜨르는 제주도민들이 대를 이어 농사를 짓던 농지였다. 일제 강점기에 주민들을 동원하여 군용 비행장을 건설했다. 지금은 폭 20m, 높이 4m, 길이 10.5m 규모의 격납고 20개가 거의 원형으로 남아 있다. 중일전쟁 때인 1937년, 전투기가 여기서 약 700km 떨어진 남경南京까지 발진했다.

홀로코스트 현장에 홀로 서서

북방파제를 떠나 30분 정도 달려 또다시 라트비아의 아픈 역사의 현장을 만났다. 다름 아닌 홀로코스트 기념관Memorial Holokausta Upuriem 이었다. 4,000m² 정도의 부지에 라트비아어, 러시아어, 영어, 히브리어로 음각된 비석들과 기록사진 등이 전시되어 있다.

2차 세계대전 당시 독일은 러시아를 침공하며 우선 라트비아를 수중에 넣었다. 히틀러의 인종 말살 정책은 여기서도 자행되었다. 유대인은 물론 러시아인, 집시, 동성애자, 장애인 등 8천여 명을 이곳으로 끌고 와 한적한 바닷가에 대형 모래 구덩이를 파고 살육했다.

설명문과 기록사진을 보니 남녀노소 가리지 않고 발가벗겨 구덩이가에 세워놓고 총격을 가했다. 옷을 벗긴 이유는 호주머니에 숨긴 금품을 쉽게 빼앗고, 시신이 빨리 육탈肉脫되어 만행의 흔적을 감추기 위해서였다. 죽음을 목전에 두고도 수치심에 주요 부위를 가리는 여성의 잔상이 지워지지 않는다. 잔혹한 독일군은 여성의 마지막 남은 자존심까지 무참히 짓밟아버린 것이다.

주위를 둘러보니 아무도 없다. 아니, 북방파제 포대에서부터 지금까지 한 사람도 만나지 못했다. 저 멀리 부서지는 파도 소리만 들릴 뿐 아무도 없다. 청명한 하늘 아래 한 줄기 바람이 파고들자 갑자기 등골이 오싹해졌다. 80여 년 전 이곳에서 총성과 함께 단말마적 비명이 현실인 양 내 귀를 때렸다. 아, 인간이 얼마나 잔인해질 수 있는가! 몇 년 전 뮌헨 인근 다하우Dahau 강제수용소에서 본 광경이 떠올랐

홀로코스트 기념관에 있는 비석

다. 동유럽에서 온 유대인인 듯, 차마 눈 뜨고 볼 수 없는 기록사진 앞에서 한 노부부가 눈물을 주체하지 못하는 것을 보고 나도 눈시울이 뜨거워졌다. 꼭 피해자 후손이 아니더라도 눈물을 흘리거나 애써 참는 사람이 많았던 기억이 생생히 되살아났다.

"달콤한 추억을 되새기려 오셨나요?"

카로스타 중심부 대로에 들어섰다.

러시아 정교회인 성 니콜라이 해양대성당Saint Nicolas Maritime Cathedral 이 위풍당당 앞을 가로막는다. 1903년, 니콜라이 2세는 빈약한 국가 재정에도 불구하고 거금 50만 루블을 들여 이 건물을 지었다. 이곳에서 전선으로 출전하는 장병들의 무운을 기원하는 기도회가 열렸다.

과거 해군사령부 건물로, 지금은 역사기념관으로 사용되고 있다.

카로스타 중심가에는 귀족이나 장교를 위한 고급저택들이 퇴색된 채 늘어서 있다. 당시 아리스토크라시Aristocracy, 귀족정치는 러시아 혁명의 도화선이 되었고, 로마노프 왕조 몰락의 직접적 원인이 되었다.

역사기념관을 찾았다. 붉은 벽돌조의 당시 해군사령부, 군 형무소 등은 현재 기념관으로 사용되고 있다. 기념관장을 만나, 당시 발틱함 대의 로제스트벤스키Zinovi Rozhestvenski 제독의 '출정의 변辯'이나 함대 발진 상황 등을 물었다. 그런데 돌아오는 답이 무척 냉소적이었다.

"잘 알면서 왜 물어보시나? 그때의 달콤한 추억을 되새기려 왔나보 네요."

아, 나의 불찰임을 즉시 알아차리고 "나는 야쁜스키가 아닌 서울에 서 온 카레이스키입니다" 하며 명함을 건넸다. 그리고는 자전거 여행 루트와 여행 목적 등을 말했다. 그때에서야 관장의 눈길이 따뜻해지며

"당신을 일본에서 온 역사학자로 알았어요. 당시 한국과 라트비아는 같은 처지였습니다"라고 말했다.

그의 다음 말에 나는 또다시 착잡해지고 말았다.

"내 기억으로는 당신이 이곳을 찾은 최초의 한국 사람이에요."

117년 전 조선의 운명을 결판냈던 역사 현장에 어찌 내가 처음이란 말인가!

역사는 기억하는 자에 의해 이어진다

관장과 나는 동병상련의 심정이었다. 우리는 러일전쟁에 관해 여러 이야기를 주고받았고, 그는 내가 모르던 비화도 많이 들려주었다.

발틱함대가 출항할 즈음, 러시아는 만주전선에서 일본 육군에 고전하고 있었다. 뤼순 203고지를 방어하던 스테셀Anatoli Stessel 대장은 노기乃木希典 대장에게 항복해 닛폰도日本刀를 선물받았고, 구로파트킨Alexsey Kuropatkin 원수는 봉천奉天, 지금의 심양전투에서 오야마大山 巖 원수에게 패주하고 말았다.

러일전쟁은 특이하게도 양국 영토에선 총성 한 발 울리지 않았다. 한반도, 만주, 공해상에서 각축했다. 공군이 없었던 당시 육전에서는 크게 우열을 가릴 수 없었으나, 바다를 제패한 자가 승자였다. 러시아는 막강한 발틱함대가 블라디보스토크에 주둔한다면 동북아에서 힘의 우위를 차지하리라 확신했다.

막상 뚜껑을 열어보니 발틱함대는 '형편없는 약체'였다. 쓰시마 해전에서 로제스트벤스키 제독이 포로로 잡혀 시코쿠에서 억류 생활을 할 때 도고 제독이 방문했다고 했다. 승자의 아량이었다고 관장은 좋은 의미로 설명했다. 그는 본국에 송환되어 군사재판에 회부되었으나 황제의 특명으로 풀려났고 도리어 포상까지 받았다는 등 자세한 설명을 덧붙였다.

그는 헤어질 때 "히스토리언 카레이스키 바이크 차, 안전하고 보람찬 여행 하시게!" 하며 긴 포옹으로 아쉬운 작별인사를 나누었다.

라트비아는 비교적 덜 알려진 신생국가 같은 느낌이 들지만, 과거 찬란했던 중세의 흔적이 곳곳에 스며 있다. '유럽의 숨겨진 보석'이란 찬사도 있다. 이름난 대도시 탈린이나 리가, 빌뉴스만 들를 것이 아니라 이곳 리에파야 항구도 관광 코스 속에 넣으면 어떨까.

역사는 기억하는 자에 의해 면면히 이어진다. 우리가 왜, 어떻게 나라를 잃었는지 그 현장에 서서 과거사를 반추해보는 것도 의미 있을 것이다. 오늘 리에파야 항은 더없이 고요하고 평화롭다. 작은 파도만 무심히 왔다가 속절없이 부서진다. 어둠이 찾아온 밤바다를 보며 나는 단재 신채호 선생의 말을 떠올렸다.

"역사에서 배우지 못한 민족에게 미래는 없다."

라트비아인의 끈질긴 항전 정신

Chapter 3

발틱해의 보석
리투아니아

Republic of Lithuania

발틱 3국에서 마지막으로 찾은 리투아니아. 첫날 묵은 민박집의 후한 인심에 반했고, 세계 하나뿐인 호박 박물관에서 옛날 마고자에 달았던 노리개를 추억했다. 팔랑가 해변에서 밤 10시에 만난 '백야의 낙조'를 잊을 수 없다. 이 나라 제2의 도시 카우나스에서 2차 세계대전 때 많은 유대인을 구한 일본인 스기하라 치우네의 이야기를 처음 들었다. 수도 빌뉴스에는 매년 만우절에만 개국하는 '우주피스 공화국'이 있다. 예술인들이 모여 사는 해방구인데, 여기서 티벳을 알리는 한 여인을 만났다. 그녀와 함께 산책을 하며 깊은 공감을 나누었다. 그녀가 들려준 메시지는 고독한 여행자의 심금을 흔들어놓았는데….

광활한 유채밭을 지나며

라트비아를 떠난 자전거는 A11번 도로를 따라 남쪽으로 달린다.

발틱해가 잠깐 보였지만 곧 사라졌다. 길이 내륙으로 나 있어 실망했다. 유럽에서 생활 수준이 웬만한 나라라면 해변으로 길이 나 있는 것이 보통이련만, 발틱국들은 아직 그 수준에는 못 미치는 모양이다.

해변길을 싫어하는 라이더가 있을까. 물새 울음소리를 들으며 탁 트인 해변길을 달리면 구르는 바퀴가 야속한 마음이다. 그래서일까, 나는 여행 계획을 세울 때 해변 루트를 즐겨 택한다.

내륙의 단조로운 길을 지나니 유채꽃 군락지가 나타났다. 말이 군락지이지 여의도 면적보다 넓어 보일 정도로 방대했다. 연노란색 유채꽃을 보니 갑자기 쌀쌀한 초봄으로 돌아간 듯한 착각에 빠졌다. 봄의 서곡을 알리는 제주도 유채꽃의 연상 작용 때문이었다.

북유럽 6월 하순, 청명한 하늘에 유황빛 태양이 머리 위에 작열하고, 노란 꽃밭은 끝도 없이 이어진다. 알고 보니 인구가 희박한 이 일

자전거 백야기행

유채의 바다

대 지역에 공한지는 대부분 유채를 경작하고 있었다. 유채에서 추출한 기름은 농가의 주 소득원이 된다고 한다.

원래 유채 기름^{rape-seed oil}의 rape^{성폭행}는 부정적인 의미로 부르기가 거북하다고 카놀라 오일^{canola oil}로 이름을 바꾸어 식용으로 판매하고 있다. 우리도 알게 모르게 이곳에서 생산된 카놀라 오일을 먹고 있을지도 모른다.

"나는야 호모 바이쿠스!"

뜨거운 태양 아래 혼자 젓는 페달은 힘들다.

유채꽃 군락지에서 리투아니아의 첫 도시 팔랑가^{Palanga}까지 족히 80km는 된다. 5시간은 달려야 할 거리. 자전거는 30kg이 넘는 7개의 짐 가방을 매달고 있다. 내가 보기에도 짐을 가득 진 당나귀처럼 힘겨워 보인다. 무게는 그렇다 치더라도, 눈에 보이지도 않는 바람은 전진의 최대 복병이다.

누가 시켰으면 '불가능한 일'을 지금 나는 하고 있다.

네덜란드의 문화사학자 호이징하 Johan Huizinga, 1872~1945는 인간을 '호모 루덴스Homo Ludens, 놀이하는 인간'라 표현했다. 그는 인간의 속성을 '놀이'에서 찾으려 했다.

"일은 수단과 목적이 분리된 것이고, 놀이는 수단과 목적이 결합되어 있다. 따라서 놀이는 전혀 임무가 아니고

요한 호이징하

명령에 의한 놀이는 이미 놀이가 아니다. 필히 자발적 행위라야 한다. 지금 자신이 하고 있는 행위가 수단이면서 목적일 때는 기쁨으로 충만한 현재를 살 수 있다. 반면, 자신의 행동이 무엇인가를 위한 수단이라면 고단함으로 가득 찬 시간을 견디고 있는 것이다"라고 호이징하는 설파했다.

대가의 말을 빌리지 않더라도, 우리 곁에 많은 것들이 놀이로부터 나왔다. '인생은 짧고 예술은 길다'라고 하는 예술의 원천도 따지고 보면 놀이의 산물이다. '징하 형'이 살아 있다면 나에게 "당신은 자전거 타는 인간, 호모 바이쿠스Homo Bikus"란 칭호를 주고 세상이라는 넓은 놀이터에서 마음껏 달려보라고 할 것만 같다.

'잉여인간'이 되지 않으려면

해가 기울기 시작할 무렵 리투아니아 국경에 도착했다. 다채로운 땅 유럽은 이제 하나의 유럽으로 통합되었지만, 두 바퀴로 국경을 넘을 땐 아직도 묘한 전율을 느낀다.

용도 폐기된 국경검문소가 폐가처럼 을씨년스럽게 서 있다. 인간이건 사물이건 제 역할을 잃는다는 것은 서글픈 일이다. TV에서 '와일드 라이프' 프로그램을 볼 때 가끔 섬뜩함을 느낄 때가 있다. 백수의 왕 사자가 늙어 사냥할 기력이 떨어져, 무리에서 도태되어 죽을 때까지의 기간이 매우 짧다는 사실이다. 과거 아메리카 인디언도 그랬다. 나이 들어 사냥할 힘이 떨어지면 젊은이에게 양보하고 굶었다. 우리네 고려장과 같은 맥락이다.

늙어 죽음을 맞이하기까지의 시간이 짧을수록 좋다는 데는 모두 공감대를 이루었다. 인구에 회자되는 우스갯말, 구구팔팔이삼사九九八八二三四死가 이를 단적으로 말해준다. 거의 100년을 산다는 말인데, 내가 생각하는 진정한 삶이란 "시간 개념이 아닌 활동 개념, 즉 두 다리로 페달 돌릴 수 있을 때까지가 현역이다"이다.

장수시대, '재수 없으면 100살 산다'는 말이 비수처럼 가슴에 꽂힌다. 죽음은 자연스럽게 받아들여야지 저항하고 싸워야 할 대상이 아니다. 웬만큼 살았으므로 떠나야 할 사람이 각종 장비를 꽂아 자연스럽게 살다 가지 못하게 하는 의술이 무슨 소용이 있을까. 정신이 떠난 육신은 의미 없다. 생명을 연장하는 것은 가족의 바람이고, 정작 본인

리투아니아에 첫발을 들여놓으며. 뒤에 빈집으로 남은 건물이 과거 국경검문소였다.

에게는 마지막 순간까지 고통을 안겨줄 뿐이다. 나의 모토는 "사람답게 살다가well-being, 사람답게 늙어서well-aging, 사람답게 죽어야well-dying 한다"이다.

나는 젊어서 사회적 성취를 이룬 사람보다, 나이 들어 남은 가족들에게 인간으로서의 존엄을 지키며 행복하게 마무리하는 고종명考終命, 생의 五福 중 다섯 번째이 성공한 삶이라고 생각한다. 나이 들면 사랑받기 쉽지 않고, 존경받기는 더욱 어렵다. 그래도 연륜의 자부심을 가지고 당당해야 한다.

내 의지로 세상에 나온 것은 아니지만, 돌아갈 때는 내 의사대로 가고 싶다. 사람에게는 저마다 고유한 삶의 방식이 있듯이 죽음도 그 사람다운 죽음을 택할 수 있어야 한다. 무조건 죽음을 경원시할 필요는 없다. 그러기 위해서는 내가 일찍부터 삶을 배우듯이, 죽음도 미리 '배워야 한다'는 것이 평소 나의 생각이다.

자전거 백야기행

태극기를 알아보는 사람들

팔랑가에 도착하자 바로 여행안내소를 찾았다. 발틱 3국은 신흥 관광국답게 여행안내소는 잘 운영되는 편이었다. 러시아로부터 독립한 지 20년이 넘었으니 공산주의 '물'이 빠져가고 있다.

안내소의 담당 아가씨는 친절했다. 언어소통^{영어}은 물론 각종 자료, 숙소까지 무료로 예약해주겠다고 했다. 인구 2만 정도의 팔랑가는 유스호스텔은 없고 비교적 고급호텔과 민박집이 몇 곳 있었다. 지도를 얻고 저렴한 민박집을 부탁해보았다.

"거리는 중심가에서 좀 떨어져 있는데 괜찮은가요?"

"전혀 문제없습니다. 저는 아주 유용한 운반도구를 가지고 다니니까요!"라고 대답하니 웃는다. 자전거에 달린 태극기를 보더니 "한국에서 오셨네요. 제 휴대폰이 한국 S사 제품입니다"라고 말해 나도 미소로 화답했다.

사실 이 말은 발틱국을 여행하며 여러 번 들었다.

나는 여행 중에 핸들바^{handle bar}에 여행 중인 나라 국기를, 뒤패니어에 태극기를 달고 다닌다. 그 나라 국기는 현지법을 준수하겠다는 뜻이고, 태극기는 한국인으로서 부끄러운 행동을 하지 않겠다는 의미이다.

혹자는 험한 나라에서는 신분 노출로 표적이 되어 위험에 빠질 수도 있다고 말한다. 그것도 일리는 있지만, 지금까지의 내 경험을 돌아보았을 때 좋은 일이 훨씬 많았다. 더불어 국가에 대한 자긍심은 무엇으로도 환산할 수 없는 중요한 가치다.

아가씨는 친절하게도 이 말까지 덧붙였다. "가격은 1박에 10유로 13,000원 정도인데, 아침식사를 원하시면 5유로 더 내시면 됩니다." 서유럽에 비하면 이 정도의 가격은 거의 '횡재'급이다.

즉시 좋다고 했더니 바로 전화를 걸어 예약을 해준다.

15분 정도 달려 도착한 민박집. 벨을 누르니 안주인이 나와 반갑게 맞아준다. 그녀의 이름은 제르메나. 넉넉한 몸집에 따뜻한 분위기를 풍기는 러시아계 여성으로, 영어 구사도 유창했다. 영어를 잘한다고 했더니 "독일인 남편에게서 배웠다"고 한다. 전문 민박집이 아니고 별채에 빈방이 있어 욕실을 만드는 등 개조한 흔적이 보인다. 잘 정돈된 방이 무척 마음에 들었다. 지금까지 발틱국 여행을 하며 투숙한 곳 중에서 가성비 최고 숙소!

"저녁식사까지 시간이 있는데 뭐 좀 드시겠어요? 점심에 요리한 것이 좀 남아 있는데…."

사실 국경 부근에서 간단한 행동식으로 점심을 해결했더니 배가 고픈 참이었다. '체크인을 마치면 바로 나가 요기부터 할까 생각 중이었는데 어찌 이리 내 마음을 잘 아실까!'

체면불구, "그래주시면 고맙겠습니다"라고 대답하니 구운 치킨에 흑미, 샐러드가 담긴 접시를 내온다. 간만에 먹어본 '가정식', 소박하지만 너무 맛있었다.

지금도 나는 그 맛을 잊지 못한다. 맛보다 안주인 제르메나의 마음이 더 잊히지 않는다.

세계에 하나뿐인 호박 박물관

속을 든든히 채운 뒤 민박집을 나왔다. 먼저 팔랑가에서 세계에서 하나뿐인 호박 박물관을 향해 자전거를 출발했다.

박물관은 1897년 지은 네오 르네상스식 건물로 약 29,000점의 각종 호박이 전시되어 있다. 단연 눈에 띄는 것은 세계 최대 원석 호박 'Amber-Sun'. 크기는 210×190×150mm로 무게는 무려 3,524g!

호박은 대체로 육지에서 채굴한다. 일부 바다에서도 나오는데, 특히 발틱해에서 건져올린 호박을 '발틱 앰버'라 하여 최고 품질로 알아준다.

호박은 송진이 굳어질 때 식물이나 곤충 등이 들어가 함께 굳어진 경우가 드물게 있다. 장구한 세월 동안 박제된 이것들은 지구의 나이나 동식물의 기원을 판단하는 중요한 단초를 제공하기도 한다. 그래서 아무것도 들어 있지 않는 밋밋한 호박보다 훨씬 고가에 거래되는 것은 당연한 일.

세계 유일의 호박 박물관

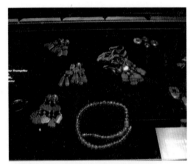

아름다운 호박 장신구

희귀 호박. 송진과 함께 박제된 벌레

세계 최대 호박

그러나 주의해야 할 것은 곤충을 집어넣어 인위적으로 인조 호박을 만든다는 사실이다.

호박은 진주나 산호, 상아 같은 유기질 하급 보석의 일종이다. 섭씨 200도 이상 고온에서는 녹으면서 불이 붙는다. 그래서 독일은 호박을 '타는 돌'이라는 뜻의 베른스타인bernstein이라고 불렀다. 영국은 'burn stone'이라 하지 않고 '황갈색의 단단한 물질'이라는 뜻의 앰버Amber라 부른다. 여기서 물성과 외형을 중시하는 양국의 문화적 차이를 알 수 있다.

아련한 기억을 더듬어보았다. 우리네 한복 마고자에 장식품으로 달려 있던 것이 새롭다. 또한 초등학교 때 배운 최초 전기현상은 라이덴 병Leyden Jar과 더불어 호박을 비벼 실험을 했다는 기억이 떠올랐다.

백야의 낙조 vs 사막의 석양

박물관을 나와 팔랑가 해변에 있는 잔교棧橋, Pier로 향했다.

이곳은 모래가 곱고 해안이 길어 휴양지로 인기가 높다. 그리스 산토리니섬처럼 해변 낙조가 멋지기로 유명한 곳이다. 북유럽 바다에서 보는 백야의 낙조! 가슴이 뛰기 시작했다. 차가운 맞바람이었지만 땀이 나도록 페달을 돌려 잔교 끝에 자리를 잡았다.

9시가 넘자 사람들이 잔교로 몰려오기 시작했다. 일몰을 보기 위해서였다.

한 시간쯤 지났을까, 대보름 달만 한 붉은 해가 수평선에 걸렸다. 아~ 탄성이 절로 새어나왔다. 모인 남녀노소 모두 숨죽이고 장엄한 자연을 응시했다.

젊은 시절, 아프리카 수단에 근무할 때 광활한 누비아 사막을 건넌

민속의상을 입고 축제에 가는 소녀들과 함께

독일풍 도시 클라이페다

적이 있었다. 차가 사막에 진입했을 때 떠오른 태양이 사막을 빠져나
갈 때 기울기 시작했다. 대지를 달구던 붉은 해가 지평선으로 사라지
던 그때의 잊지 못할 광경과 오버랩되었다.

이튿날 아침, 민박집 주인과 아쉬운 작별인사를 하고 클라이페다
Klaipeda로 향했다. 인구 20만 정도의 클라이페다는 리투아니아에서 세
번째로 큰 도시이자 아름다운 항구라 둘러보기로 했다.

약 두 시간 정도 달려 도시의 번화가 항구 거리에 도착했다. 지나온
팔랑가와는 비교도 되지 않을 정도로 크다. 한자동맹 도시는 아니었
지만 에스토니아의 탈린이나 라트비아의 리가처럼 중세의 부촌 거리
들이 많이 남아 있었다.

클라이페다는 오래전엔 평화로운 작은 어촌이었다. 1252년 튜턴 기
사단은 마을을 무참히 파괴하고 요새를 건설했다. 그리고 메멜부르크
Memelburg로 명명했다. 그후 세월이 흘러 도시와 주변 영토는 독일인들
의 정착지가 되었고, 동프로이센 지방의 일부가 되었다. 1923년 메멜
부르크는 리투아니아로 넘어갔고 지금의 클라이페다로 개칭했다.

부동항인 이곳은 크게 번성하여 리투아니아 해외 교역량의 대부분
을 차지하기도 했다. 그러다 1939년 다시 독일에 넘어갔다가 1945년
소련의 지배하에 들어갔다. 발틱 3국 어느 나라, 어느 도시를 가나 독
일, 소련, 폴란드, 스웨덴 등 주변 강대국의 침략과 점령으로 고단했던
지난날의 흔적을 찾아볼 수 있다.

비극의 현장 '제9요새'를 찾아서

매년 8월이 되면 우리 매스컴들은 과거 일본이 저지른 만행에 대해 일제히 보도한다. 나 역시 새삼 분노가 치민다. 일본 지배가 없었다면 지금처럼 남북 분단의 비극도 없었을 것 아닌가.

일본은 과거사를 반성하지 않는다. 과거 독일 수상 브란트는 유대인들에게 무릎 꿇고 깨끗하게 사과하지 않았던가! 현 메르켈 수상 역시 기회 있을 때마다 2차 세계대전 발발의 책임을 회피하지 않았다. 침공 80주년을 맞은 2021년 6월에도 푸틴 대통령에게 직접 전화를 걸어 사죄의 마음을 전했다. 역시 대국답다.

일본은 독일과 다르다. 사과는커녕 우리에게 '35년간 베푼 시혜를 왜 고맙게 생각하지 않느냐'는 생각이 뿌리 깊게 박혀 있다. 더 이상의 '반성 애걸'로 국력을 소모할 필요 없다. 동시에 우리가 스마트폰 잘 만들고 자동차 많이 수출한다고 해서 일본을 경시하는 풍조를 경계해야 한다.

혼네本音, 본심를 드러내지 않는 일본은 무서운 나라다. 70년 전에 이미 세계를 상대로 전쟁을 하지 않았는가! 오직 그들의 의도를 꿰뚫어 보고 힘을 길러 대응하는 방법밖에 없다.

리투아니아의 옛 수도 카우나스Kaunas를 찾았다.

여기서 내 마음속에 조그만 변화가 일어났다. 내가 지금까지 인식해왔던 것이 아닌 새로운 형의 일본인을 발견했기 때문이다. 질곡과 광기의 시대, 일본 사람 중에도 이런 사람이 있었는지는 미처 몰랐다.

자전거 백야기행

리투아니아의 아픈 역사를 암시하는 '제9요새' 기념 조형물

"쉰들러에 가려진 일본의 스기하라 치우네, 그의 정의로운 결정으로
6,000명의 생명을 구했다. 그 기념관이 제9요새 안에 있다."

카우나스 시 관광안내서에 실린 글을 보니 '제9요새Deventasis Fortas'에
대한 궁금증이 일었다. 과거 감명 깊게 보았던 스티븐 스필버그 감독
의 영화 〈쉰들러 리스트Shindler's List〉가 떠올랐다. 독일인 사업가 오스
카 쉰들러1908~1974가 1,100명의 유대인 생명을 구한 실화를 바탕으로
만든 영화다.

즉시 행장을 꾸리고 스기하라의 흔적이 있다는 '제9요새' 기념관을
향해 페달을 돌리기 시작했다.

시 외곽에 있는 이 기념관은 원래 러시아가 구축한 국경 수비요새였
다. 2차 세계대전 중에는 독일이 운영했던 잔혹한 유대인 수용소였고,
전쟁 후에는 러시아 역시 정치범을 수용, 처형하는 장소로 사용했다.

"일본에도 이런 의인이 있었단 말인가!"

1940년 7월, 카우나스^{당시 리투아니아의 수도} 일본영사관 앞에 수많은 군중이 몰려왔다. 나치가 유대인을 무차별 학살하자 국외로 도피할 비자를 얻기 위해 온 유대인들이었다. 이들은 리투아니아 일본영사관에 가면 비자를 받을 수 있다는 소문을 듣고 폴란드를 탈출해온 터였다.

일본 외무성의 공식적인 훈령은, 독일이 동맹국이므로 비자 발급은 '거절'이었다. 이때 영사관 책임자는 39세 스기하라 치우네^{杉原 千畝, 1900~1986}. 그는 와세다 대학 영문과 출신으로 정통 외교관은 아니었다. 며칠간 고민 끝에 스기하라는 본국 승인 없이 비자를 발급해주기로 독단적 결정을 내렸다.

그는 신청자 모두에게 비자 발급 서류를 넘겨주었다. 식사도 건너뛰며 20여 일간 매진한 고된 수작업의 결과였다. 고대하던 유대인은 "이제 살았구나!" 하며 서로 껴안고 눈물의 환호성을 질렀다.

이 비자로 일본을 거쳐 제3국으로 새 삶을 찾은 유대인은 무려 6,000명! (필자가 과거 일본을 여행하며 '이인관^{異人館}'이란 사적지를 여러 곳 보았는데, 이들이 주로 머물렀던 곳이다.)

얼마 후 리투아니아는 러시아에 합병되어 영사관도 폐쇄되고 말았으니 당시 얼마나 절박한 상황이었는지를 짐작할 수 있다.

1941년 독·소전쟁 발발로 리투아니아는 독일 지배하에 들어가 러시아에 패퇴할 때까지 20만 명의 유대인이 학살당했다. 스기하라가

자전거 백야기행

내린 의로운 결단이 없었다면 20만 명에 6,000명을 더해야 함은 물론이다.

후일 스기하라는 당시를 회고하며 이렇게 말했다.

"내가 한 일은 외교관으로서 잘한 일이 아니었을지도 모른다. 그러나 나를 믿고 찾아온 무려 6,000명이 넘는 난민을 내 양심상 외면할 수 없었다."

이 '항명'으로 스기하라는 외무성에서 해직되었다. 세월이 흐른 1985년 1월, 이스라엘 정부로부터 건국에 공로가 큰 사람에게 주는 '정의로운 사람 Righteous among the Nations' 상을 받았다. 그는 이스라엘 국민들로부터 존경을 받고 있으며, 텔아비브에는 그의 이름을 딴 거리도 있다.

일본의 쉰들러, 스기하라 치우네

영화 〈쉰들러 리스트〉 포스터

"한 생명을 구하는 것은 세상을 구함이다 Whoever saves one life, saves the world entire."

영화 〈쉰들러 리스트〉에 나오는 명대사 한 토막이다. 쉰들러보다 6배에 달하는 생명을 구했지만 세상에 덜 알려진 스기하라의 사연. 용기 있게 인도적 행위를 실천한 선한 일본인 이야기는 감동을 넘어 복잡미묘한 울림을 느끼게 했다.

영혼의 안식처, 수도원

나는 섬 여행을 좋아한다. 섬은 육지와 단절된 고립의 공간이기 때문이다. 같은 맥락으로 세속과 격리된 수도원은 '무인도'처럼 늘 내 마음 한구석에 남아 나를 부르고 있었다.

작가 공지영씨는 〈수도원 기행〉에서 "나는 목마른 영혼의 해답을 찾아 유럽의 여러 수도원을 돌아다녔다. 한때 세상을 버리고 싶었다. 모든 것을 잃었다고 생각했고, 나를 아는 모든 사람들을 두려워했고, 내 삶을 증오하고 한 마리의 벌레처럼 스스로를 여기던 시절이 있었다"라고 썼다.

카우나스 외곽, 아름다운 카우노 마리오스 호숫가에 파자이슬리스 수도원Pažaislio Vienuolynas이 있다는 것을 알았다. 수도원이란 그리스도교

속세를 떠나 수도원 가는 길

　　　　　　　　　　　　　　　　　　자전거 백야기행

파자이슬리스 수도원. 피렌체에 있는 르네상스 시대 건축물을 보는 듯.

수사修士, 후일 수녀도 참여가 계율에 입각하여 세속과 결별하고 종교적 신념으로 공동생활을 하는 장소다. 기원은 수사 안토니오가 홀로 사막에서 은둔 생활한 것이 알렉산드리아의 주교에 의해 서방 세계로 전해지면서부터다. 그후 529년 성인 베네딕트는 몬테 카시노에 수도원을 설립하고 수사들이 지켜야 할 규율을 정했는데, 이를 따르는 사람들을 '베네딕트 계열'이라 부른다.

이곳 파자이슬리스 수도원은 베네딕트 계열로, 17세기에 이탈리아 바로크 양식으로 지어졌다. 조안 메를리, 피에트로 페르티 등 피렌체 건축의 거장들이 파견되어 공사를 직접 감독했다고 한다. 당시 피렌체라면 르네상스의 본고장 아닌가. 이런 연유로 스페인 카를로스 왕과 러시아 황제 니콜라이 1세가 방문한 기록을 볼 수 있었다.

'귀여운 악마'들

나는 여행 중에 숙소를 찾아가다 길을 잃어버릴 때가 가끔 있다. 주로 늦은 오후 시간이다. 여기까지는 봐줄 만하지만, 해는 지고 어둠이 성큼 다가온다면 난감하다. 게다가 비까지 추적추적 내린다면….

이럴 땐 하는 수 없이 들판이나 폐가, 다리 밑에 텐트를 친다. 아무리 피곤해도 이런 곳에서는 숙면을 취하기 어렵다. 이런 상황을 대비해 평소 공포영화나 잔인한 장면 사진은 의도적으로 피하는 편이다.

악마 박물관에서 만난 두 악마상

카우나스 안내서에 재미있게 소개하는 곳이 있어 눈길이 갔다. '세상에서 하나뿐인 악마 박물관Devil's Museum'. 하나뿐이라는 말로 미끼를 던지니 호기심이 확 일었다. 지금까지 30여 개국을 여행하며 웬만한 박물관은 거의 다녀보았지만 '악마 박물관'이라니!

나는 먼저 악마주의惡魔主義, diabolism를 떠올렸다. 19세기 말 유럽에서 나타난 문예 또는 사상의 한 흐름으로, 세상의 모든 통속적 도덕과 양식에 반항하고 추악, 퇴폐, 괴기, 전율, 공포 따위에서 미를 찾으려 했다. 섹스 박물관이나 정조대 박물관, 중세 고문도구 박물관은 차라리 인간적이었다. 악마나 마귀, 귀신이 다 한통속이며, 연약한 인간의 상상 속 산물일 뿐인데….

들어갈까 말까, 박물관 앞에서 한참을 망설였다. 그러다가 '보고 후회하는 편이 낫겠다' 싶어 입장권을 사고야 말았다.

이 박물관은 1966년 처음 문을 열었다. 리투아니아의 저명한 화가 안타나스가 90평생, 70여 개국으로부터 수집한 3,000점의 악마 관련 작품을 전시하고 있다. 기대가 크면 실망도 크다고 했나… 무섭기보다 오히려 귀여운(?) 생각이 들었다. 우리나라 민속박물관에서 봉산탈이나 하회탈을 보는 기분이랄까.

여기서도 우리의 도깨비 상을 전시하며 소개하고 있었다.

"한국 도깨비는 악마상을 하고 있지만 엉뚱한 짓을 곧잘 하며, 나쁜 사람을 혼내주고 악으로부터 선한 사람을 보호한다."

호도湖島 속의 고성

수도 빌뉴스에서 30km 떨어져 있는 트라카이Trakai. 중세시대엔 이 나라 수도였다. 이곳이 기록에 최초로 등장한 것은 1337년. 선교라는 미명으로 발틱국을 유린하던 독일 기사단 문헌에서였다.

15세기에 축조된 트라카이성은 갈베호수 안 섬에 붉은 벽돌로 지은 고딕양식조 건축물이다. 천연 해자垓字에 둘러싸인 난공불락의 요새로, 동유럽에서 가장 견고한 성이었다. 길이 300m의 정취 있는 목교를 건너면 닿을 수 있다.

리투아니아는 영욕의 세월을 거치며 파괴된 성을 새로 짓기로 했

예이츠의 시 〈이니스프리의 호도〉를 연상케 하는 호수 속의 멋진 트라카이성

다. 그러나 1960년대 초 당시 러시아 공산당 서기장 흐루시초프는 "중세 리투아니아의 영광을 재현할 수 없다"며 공사 중단 명령을 내린다.

현재의 모습은 독립 후인 90년대 초에 복원한 것이다. 리투아니아를 방문하는 사람이라면 꼭 한번 들러볼 만한 곳이다. 에스토니아를 시작으로 라트비아를 거쳐 발틱 3국 여행을 시작한 이래 내가 만난 가장 아름다운 볼거리였다. 파란 하늘이 투영된 호수와 우거진 숲, 중세 붉은 성곽이 어우러진 모습은 한 폭의 잘 그려진 수채화 같다. 시간이 넉넉한 여행자라면 호반이 주는 안락함과 수려한 경관을 즐기며 2, 3일 쉬어가도록 추천하고 싶다.

자전거 백야기행

그리운 우리네 공중화장실

구시가지 광장에 있는 빌뉴스 대학Vilnius University을 찾았다. 1579년 설립되었으니 북유럽에서 오래된 대학 중의 하나다 가장 오래된 대학은 스웨덴의 웁살라 대학으로, 설립 연도는 1477년.

에스토니아 타르투에서 둘러본 타르투 대학은 1632년 설립되었으니 그보다 반세기 앞섰다. 외관 역시 중세에 세운 건물답게 고풍스럽다. 알고 보니 대학 건물 전체가 유네스코가 지정한 세계문화유산이다.

빌뉴스 대학은 각 단과대학들 하나하나가 다 나름의 역사와 전통을 간직하고 있었다. 15세기에 벌써 대형 천문관측 건물을 짓고 하늘을 관측했으니 말이다. 옆에 있는 도서관 역시 16세기에 축조되어 많은 장서를 자랑하고 있다.

그래서일까, 대학 방문자는 입장료를 내야 한다. 지금까지 여러 나라 대학을 돌아보았지만 입장료를 받는 대학은 처음이었다.

적잖이 의아스러웠다. 발틱 3국들처럼 철저하게 화장실 사용료를 받는 나라 역시 처음이다. 인건비가 싸기 때문일까? 일반 공중화장실은 물론 공공건물백화점, 역 대합실 등 화장실 앞에는 어김없이 '카운터'가 있어 사용료를 받는다. 급하다고 지나쳐 '볼일'부터 본다면 무전취식과 같은 죄(?)에 해당될 것이다. 사용료는 큰 금액은 아니지만 하루 여러 번 드나든다면 한 끼 식사값은 족히 될 것 같다.

우리의 화장실 문화는 어떤가. 이제 세계 어디에 내놓아도 자랑스러울 만큼 변했다. 동네 공원 화장실, 고속도로 휴게소 화장실, 4대강 강변길에 수시로 나타나는 깨끗한 화장실. 상수도, 핸드 드라이어, 휴지가 넉넉히 비치된 우리네 화장실이 그립다.

만우절이 개천절인 나라

수도 빌뉴스^{Vilnius}는 발틱 3국을 통틀어 가장 큰 도시이다. 고풍스러운 바로크 양식 건물들이 늘어서 구시가지 전체가 유네스코 세계유산으로 등재될 정도로 역사와 전통을 자랑한다.

기동력 좋은 자전거로 여기저기 쏘다니면 볼거리들을 많이 만난다. 신선한 볼거리, 걸리버 여행기에 나오는 '소인국'을 찾았다. 이 나라 정식 명칭은 우주피스 공화국^{Uzupio Respublika}. 코미디 아닌 진지한 현실이다.

여의도 면적의 1/4 정도로, 1997년 4월 1일 최초로 나라를 열었다. 그러니까 만우절이 개천절인 셈이다. 1년에 딱 한 번 공식 개방하는 '이상한 나라'이니 나는 '만우국'이라 부르고 싶다.

그러나 엄연히 대통령을 비롯해 각부 장관들이 임명된 국가 조직을 이루고 있다. 또 우주피스의 예술정신과 자유를 홍보하는 세계 각국 대사들이 임명되어 있다. 역대 한국대사로는 〈경마장 가는 길〉을 쓴 소설가 하일지가 있다.

이상한 나라 우주피스 공화국의 헌법

우주피스란 리투아니아 말로 '강 건너 마을'이란 뜻이다. 내 눈에는 실개천 정도로 보이는데 그들은 강River Vilnele이라 했다. 어쨌든 '입국' 하려면 빌넬레 강을 넘어야 한다. 다리가 국경선인 셈이다. 매년 4월 1일 개천절이 되면 여기에 국경검문소가 설치되어 원하는 사람에게 입국 스탬프를 찍어준다.

19세기부터 유대인들이 많이 살아 빌뉴스는 '북의 예루살렘'이라 불리기도 했다. 지금의 우주피스 공화국 자리는 과거 게토Getto, 유대인 거주 구역였다. 이들은 2차 세계대전 때 대부분 학살당해 이곳은 저주받은 땅으로 오랜 기간 방치되었다.

러시아로부터의 독립 이후, 여기에 가난한 예술가들이 하나둘 들어와 둥지를 틀자 자연스레 예술인 집단 거주지가 되었다. 파리 예술지구 몽마르뜨르와 결연을 맺은 후부터 자타가 공인하는 '예술인 해방구'로 자리를 굳혔다. 자칫 빈민굴이 될 뻔했던 지역을 예술과 결합한 관광 명소로 만든 리투아니아인의 아이디어가 놀랍다.

어느 거리에선가 사람들이 모여서 벽에 붙은 뭔가를 열심히 읽고 있는 것이 눈에 띄었다. 나도 끼어들어 목을 쭉 빼고 보니 이 나라 헌법이었다. 이 소국에 존재하는 인간을 포함한 모든 생명, 사물에 적용되는 다분히 형이상학적인 내용이 많았다. 총 41개 조항이지만 몇 개만 적어보았다.

-모든 사람은 누구나 빌넬레 강변에 살 권리가 있으며, 강은 사람 옆을 흐를 권리가 있다.
-모든 사람에겐 행복할 권리가 있지만, 행복하지 않을 권리도 있다.
-모든 사람은 게으르거나, 아무것도 하지 않아도 될 권리를 가진다.
-모든 사람은 죽을 수 있는 권리를 가지지만, 이것이 의무는 아니다.
-개에겐 개가 될 권리가 있다.

"너만의 특별한 인생을 살아라!"

호기심으로 여기저기 다니다 보니 어느 집 앞에 달라이라마 사진이 걸려 있는 것이 눈에 들어왔다.

'여기도 불자佛子가 있나?' 궁금한 마음에 열린 문으로 안을 들여다 보니 40대 여인으로 보이는 해맑은 현지인이 씽긋 미소 짓는다.

"자전거를 들여놓아도 됩니까?"하니 흔쾌히 "좋아요"한다. 상대가 내 자전거에 거부감이 없다면 나 역시 호감을 갖게 마련이다. 그래서 안심하고 안으로 들어갔다.

3평 남짓한 사무실은 달라이라마의 대형사진을 비롯, 티벳 전통 공예품과 서적들로 가득했다. 그녀는 "내 이름은 루타Ruta, 직책은 티벳 대사로, 티벳의 자주독립을 위해 일하며 난민도 돕고 있어요. 여유가 된다면 이 세상 모든 고통받는 사람에게

티벳 대사 루타와 달라이라마

희망을 주고 싶고, 여기에는 북한 어린이 돕기도 포함되지요"라며 자신을 소개했다.

그 말을 듣고는 털실로 짠 수제 열쇠고리를 하나 골라 10유로를 주며 잔돈은 "헌금하겠다"고 하니 표정이 확 밝아진다.

역시 사람은 자신에게 관심을 나타내면 싫어할 사람이 없다. 작은 몸짓과 대화가 그녀와 나를 묶어준 소통의 공감력이었다. 내 목소리로 내 이야기만 한 것이 아니라 상대의 입장에서 이야기를 경청하고 동의했기 때문이다.

내가 실례를 무릅쓰고 결혼 여부와 왜 이런 일을 하느냐고 물어보자 그녀는 미소 지으며 "아직 싱글"이라 했다. 그리고는 영화 〈죽은 시인의 사회〉에 나오는 키팅 선생에 대해 이야기했다.

"카르페 디엠Carpe Diem과 메멘토 모리Memento Mori. 우리 모두는 결국

짧은 만남, 긴 여운… 티벳 공원에서 루타와 함께

죽는다. 한순간도 헛되이 보내지 말고 죽음을 염두에 두어라. 그리고
너만의 특별한 인생을 살아라. Make your lives extrordinary."

그러면서 이런 말을 덧붙였다. "죽음을 가까이 하라는 메멘토 모리
는 불교의 철리哲理와도 상통하지요."

티벳 영혼의 구도자

소신을 위해 결혼도 마다한 루타. 의미 있는 일에 매진하는 삶이야
말로 진정한 행복이 아닐까라는 생각이 들었다.

어떤 책에서 읽은 경구가 떠올랐다. "할 일이 있는 사람은 늙지 않
는다. 죽음마저 피해간다." 그녀는 내게 "부근에 달라이라마가 빌뉴
스 방문한 것을 기념해 조성한 작은 공원이 있어요. 같이 산책하실래

요?"라고 제의했다. 나는 비록 두 바퀴에 의지해 이국땅을 떠돌지만, 가끔은 누군가에 선물 같은 존재가 될 때도 있다.

우리는 사무실을 나와 걷기 시작했다.

'홀로 여행'에서 가장 견디기 힘든 건 지독한 외로움이다. 그것은 내가 가지고 다니는 일곱 개의 짐가방보다도 더 무겁다. 외로움이 찾아올 때 강렬한 생존의지가 발동한다. 이것이 동시에 태생적 욕구인 리비도 libido 를 끌고 나온다. 세계 어느 나라를 가보더라도 역 주변에 예외 없이 '꽃집'이 존재하는 이유는 그 때문이리라….

그녀가 싱글이라서일까, 이방인의 심금을 건드리는 친절 때문일까. 어느 순간 그녀가 '티벳 영혼의 구도자' 같다는 생각에 이르자 나는 섹스의 쾌감보다 더 큰 희열과 충만함을 느꼈다. 외로움을 정신적으로 극복할 때야말로 '홀로 여행'의 의미가 더 깊어지고 충만해짐을 깨닫는다.

그녀와 헤어져 숙소로 돌아오는 길, 밤하늘에 별이 총총 빛나고 있었다.

'발틱웨이' 여정을 마무리하며

발틱 3국 여정의 마지막을 장식하는 '대성당 광장'을 찾았다.

이곳은 리투아니아인들에게 매우 의미 있는 곳이다. 건국 시조 게디미나스 Gediminas 가 긴 칼을 들고 서 있는 동상은 광화문 광장에 우

홀로 '휴먼 체인' 퍼포먼스를 하다.

뚝 선 이순신 장군을 연상케 했다. 이곳에 '발틱웨이' 종점을 알리는 30cm 크기의 발자국 조형물이 음각되어 있다.

조형물에 서서 두 팔을 벌린 '나홀로 휴먼 체인Human Chain' 퍼포먼스를 하고 있었다. 마침 근처에 있던 칠레에서 신혼여행 온 젊은 커플이 신기한 듯 내게 물어왔다.

"두 팔 들고 지금 뭐 하시는 거예요?"

"발틱웨이 마지막 여정에서 평화와 화합의 '인간사슬' 몸짓을 하는 중이죠."

궁금해하는 커플에게 발틱웨이 조형물의 역사를 말해주었다.

"아, 그래요? 지금까지 몰랐던 이야기를 알려주어 고맙습니다."

그 커플은 손을 맞잡으며 "우리 부부는 손에 손을 맞잡은 1989년 8월 23일 그날의 의미를 생각하며 평생 살아갈 것"이라고 내게 약속했다. 그리고는 "코리아도 어서 빨리 하나가 되기를 간절히 바랍니다"

란 말을 빼놓지 않았다.

발틱웨이 여정의 끝에서 만감이 교차했다. 지구촌 어느 나라, 어느 누구라도 세계 유일의 분단국 한국에 대한 평화를 기대하고 있다란 확신이 들었기 때문이다.

자유를 향한 간절한 염원으로 독립을 이룬 '발틱웨이'. 이번 여행은 그 어떤 곳보다도 가슴 저미는 여정이었다. 내가 이 길을 택한 이유는 단 한 가지, 인간의 감동은 어떤 무력보다도 강력하다는 것을 증명해 준 현장이기 때문이다. 이런 마음이 8천만 민족에게 전해졌으면 하는 간절한 바람으로 이역 땅, 낯선 하늘 아래에서 무수한 땀방울을 뿌리며 페달을 돌렸다.

우리에게 진정한 광복은 분단의 역사가 끝나는 바로 그날이다. 그런 의미에서 세 나라 국민들이 만든 '발틱웨이'는 우리에게 희망의 의지를 품게 하는 귀중한 역사의 한 장면으로 각인될 것이다.

신혼여행 커플이 내게 '결속 약속'의 표시로 인간사슬 퍼포먼스를 하고 있다.

Chapter 4

세계사에서 가장 늦게 변한 러시아

Russian Federation

대한민국 면적의 160배나 되는 거대한 땅 러시아. 그 크기만큼이나 역사, 문화, 예술 등 다방면에 걸쳐 세계사에 큰 발자취를 남긴 대국이다. 한반도와 국경을 맞대고 있으니 남북통일이 되면 자전거로도 갈 수 있는 가까운 나라다. 영토 절반이 아시아에 있지만 분명 유럽 국가다. 수도 모스크바는 오랜 세월 금단의 도시였다. 그래서 가장 먼저 찾은 곳은 붉은광장. 크렘린궁과 바실리 성당, 레닌의 무덤이 있는 붉은광장은 러시아의 상징이다. 자전거에 태극기를 달고 광장을 자유롭게 달리면서 소련 시절의 살벌했던 기억을 역사 저편으로 보냈다. 상트페테르부르크는 모스크바와 쌍벽을 이루는 도시지만, 예술적인 면에서는 한 수 위이다. 서구 문물을 들여오기 위해 18세기 초 러시아 최고 군주로 칭송받는 표트르 대제가 건설한 도시로, 한동안 수도 역할을 했다. 자전거를 타고 돌며 며칠 만에 러시아 전체를 이해한다는 것은 어불성설. 그러나 두 거대 도시 모스크바와 상트페테르부르크를 심도 있게 들여다보면 이 나라의 개요 정도는 충분히 파악할 수 있을 것이다.

모스크바

국경검문소에서의 황당한 기억

리투아니아 수도 빌뉴스에서 모스크바로 가려니 두 가지 옵션이 있
었다. 열차 또는 고속버스가 그것이다. 둘 다 15시간 이상 걸리는 대
장정이다. 열차는 벨라루스Belarus의 수도 민스크를 경유하기 때문에
비자가 없는 나는 이용할 수가 없다.

선택의 여지 없이 국제 장거리 고속버스에 몸을 실었다. 가격은 50
유로. 거리 대비 비싼 가격은 아니다. 앙증맞은 화장실도 있고, 뜨거운
물과 커피는 '셀프'로 비치되어 있었다.

차창 밖으로 간간이 황량한 벌판이 나타났다 사라지고, 자작나무
숲이 오래 이어진다. 그야말로 자작나무의 수해樹海였다. 밤 10시가 넘
었는데 푸른 하늘에 흰 구름이 둥실 떠 있다. 우리에게 낯선 백야의
이국적인 풍광이 여수旅愁를 자아낸다.

자정이 넘자 겨우 어둠이 내리기 시작했다.

살풋 잠이 들었을까, 소란스러워 눈을 뜨니 창밖은 아직 어두운 밤

모스크바를 가로지르는 모스크바강

이다. 그런데 승객들이 내릴 채비를 하고 있었다. 러시아 국경임을 직감했다.

아, 소련, 붉은광장, 수용소군도… 가슴이 두근거리기 시작했다.

상념에 잠길 틈도 없이 버스에서 내려 100여m 걸어가 간이 이민국 건물에서 입국 절차를 밟아야 했다. 찬 새벽 공기에 몸이 으스스 떨리는데, 이민국 관리나 세관원들의 무뚝뚝하고 고압적 태도는 마음마저 움츠러들게 했다.

입국 카드는 전부 러시아어로 되어 있다. 원래 공산주의란 '고객 개념'이 없는 체제라는 사실을 잘 아는 나로서도 난감했다. 내가 채울 수 있는 빈칸은 '생년월일'뿐, 나머지는 모두 까막눈이다. 그간 수십 개국을 여행했지만 이런 입국 카드는 처음 본다.

우물쭈물 시간이 흐르자 조바심이 일기 시작했다. 몇 마디 구사하는 러시아 말조차 떠오르지 않는다. 이러다가 입국을 거절당하고 버스가 떠나버린다면….

한 관리를 붙잡고 "빠짤루스따^{부탁합니다}!" 하며 통사정한 끝에 겨우 칸을 채워 제출하니 내 주위에 아무도 없다. "뛰자!" 나 때문에 출발을 못하고 있는 버스를 향해 전력질주를 했다. 버스에 오르며 승객들에게 "이즈비니쩨^{미안합니다}!"를 연발하며 내 자리를 찾아 앉았다.

지울 수 없는 젊은 날의 트라우마

'소련'이라면 뇌리에 각인된 한 장면이 아직도 남아 있다.

오래전 일이다. 젊은 날, 첫 아프리카 근무를 마치고 부푼 가슴으로 귀국할 때였다. 항공편은 에어 프랑스. 파리와 도쿄를 거쳐 서울로 오는 노선이었다. 문제는 이 비행기가 파리를 출발해 모스크바를 경유한다는 것을 까맣게 몰랐다는 것. 당시 소련은 미수교 공산국이므로 보세구역^{Transit-Area} 경유조차 허락지 않을 때였다. 걱정이 머리 한가득이었지만 이미 시위를 떠난 화살….

드디어 비행기가 모스크바 공항에 도착했다.

모든 승객이 내렸지만 나는 자리에 그대로 앉아 자는 척 눈을 감고 있었다. 곧 승무원이 다가와 다그쳤다. "내렸다 다시 타세요. 규정이에요! 청소도 해야 하고 승무원들도 교대해야 합니다." 어쩔 수 없이 혼자 로딩 브리지를 터덜터덜 걸어 보세구역에 들어갔다. 모스크바 올림픽을 앞두어서인지 현란한 장식물이 많았다. 면세점 구경은 언감생심, 탑승 게이트 가까운 곳에서 탑승 안내방송만 기다리고 있었다.

두 시간이 이렇게 길 줄이야! 탑승하려고 승객들이 하나둘 줄을 서기 시작했다.

바로 그때, 내 앞에 서 있는 러시아인 같은 한 중년 신사를 향해 검은 점퍼 차림의 건장한 두 청년이 다가왔다. 그들 뒤에는 경찰인 듯 군인인 듯 제복을 입은 사람이 서 있었다. '검은 점퍼' 한 명이 이유도 묻지 않고 내 앞에 서 있는 신사의 복부를 주먹으로 강타했다. 급소를 맞은 듯, 단 일격에 중년신사는 바닥에 배를 깔고 큰 대자로 뻗어버렸다. 가격한 청년이 무릎을 굽혀 쓰러진 자의 얼굴을 이리저리 만져보더니 나머지 한 명과 합세하여 팔 하나씩을 잡고 어디론가 끌고 가기 시작했다. 마치 사냥꾼이 죽은 멧돼지를 질질 끌고 가듯이.

순식간에 벌어진 충격적인 광경에 나를 비롯해 주위 사람들은 아연실색하고 말았다. 아니, 이럴 수가…. 나는 놀란 가슴을 쓸어내리며 단 1초라도 빨리 이 땅을 뜨고 싶어 서둘러 비행기 안으로 들어갔다.

중년 신사가 어떤 잘못을 저질렀는지, 혹은 일본으로 망명을 시도한 반체제 인사였는지는 알 길이 없다. 다만 공산주의 원조국답게 인권에 대한 폭압적인 한 단면을 여실히 목격한 현장이었다.

붉은광장에 태극기를 휘날리다!

모스크바 인근에 바이크 캠핑장이 없어 중저가 호텔에 들었다. 아침식사 포함, 1박에 25유로. 작지만 깔끔했고, 자전거도 싫어하는 기

크렘린궁 앞에 느긋한 자세로 앉으니 여러 가지 상념이 머리를 스치고 지나간다.

색 없이 보관해주었다. 무엇보다 영어가 잘 통하는 프런트 데스크가 마음에 들었다.

이튿날 아침 가장 먼저 찾은 곳은 붉은광장. 국립역사박물관 옆 '부활의 문'을 통해 들어섰다. 동화 속 궁전 같은 둥근 돔의 성 바실리 성당이 먼저 눈에 들어온다. 왼편으로는 고풍스런 '굼' 국영백화점 건물, 오른편에는 길고 높은 벽 안에 크렘린궁이 위풍당당하게 서 있다.

첫인상은, 내가 돌아본 세계 어떤 나라 광장보다도 아름답고 웅장하다는 것이다. 주위를 둘러싸고 있는 건물들의 조화 때문일까? 과거 첩보영화 〈007 위기일발〉, 〈007 살인번호〉 등 지령을 내리던 '악의 축'의 어두운 이미지는 이미 머릿속에서 사라져버렸다.

사실 이 광장의 원래 이름은 내 첫 느낌 그대로 '아름다운 광장'이었다. 공산주의 상징이나 러시아 국기의 붉은 색깔에서 유래된 이름이 전혀 아니다. 한마디로 영어 'Red Square'를 그대로 직역하여 고착되어버린 것이다.

그러면 영어 표기를 왜 이렇게 했을까? 러시아어로 광장의 명칭은 '끄라스나야 쁠로쉬치'인데, 끄라스나야는 고어古語로 '아름답다'란 말이란다. 세월이 흐르면서 '붉다'란 의미도 생겨났다. 잘못된 번역인데, 영어권에 잘 보였다면(?) 'Beautiful Square'가 되지 않았을까? 애석한 일이다.

자전거로 73,000m² 약 22,000평 드넓은 광장을 몇 바퀴 돌아보았다. 고르지 못한 돌바닥이라 천천히 페달을 돌렸다. 바닥에 큰 대자로 누워 하늘도 보았다. 아무도 제지하는 사람이 없다. 벅찬 감회가 밀려왔다. 어릴 적부터 무수히 듣고 사진으로, 동영상으로 보아왔던 곳, 여기서 태극기를 달고 자전거를 탄다는 것, 그땐 상상이나 할 수 있었던가.

'동족상잔의 비극'을 결정한 곳

1918년 러시아는 상트페테르부르크에서 이곳으로 수도를 옮겼다. 레닌이 이끄는 볼셰비키 혁명정부가 수도 이전을 주도했다. 레닌은 인민 모두가 평등하게 잘 먹고 잘사는 사회주의 국가를 건설했다고 자부했다. 위대한 체재를 알리기 위해 소비에트 정부는 군사 퍼레이드나 승전기념일 같은 국가의 주요 행사를 이곳 붉은광장에서 열고 전 세계를 향해 '나팔'을 불었다.

크렘린 궁전의 근위병

모스크바 한복판을 자전거로 질주하니 벅찬 감회가 올라온다.

동서 냉전이 극에 달했던 시절, 세계를 멸망시켜버릴 가공할 핵무기들이 지축을 울리며 이곳을 당당하게 지나갈 때, 반대편에 있던 우리는 3차 세계대전의 공포에 떨어야만 했다.

광장의 주인공은 크렘린궁이다. 러시아 말로 크렘린은 '끄레믈'로, 도시 방어를 위한 요새Fort란 뜻이다. 이 요새는 12세기에 지어져 두 번의 재건을 거쳐 오늘에 이르렀다.

남북으로 2,235m 길게 뻗어 있고, 19개의 망루가 우뚝 솟아 거대한 비밀을 숨기고 있는 듯하다. 우리에게 '음모와 밀실'의 상징으로 회자되었던 크렘린 궁전. 남북분단, 슬픈 동족상잔… 우리 역사에 지울 수 없는 오점을 남긴 6·25전쟁도 여기서 결정했다.

자전거 백야기행

세계를 움직인 3인의 '루스키'에 대하여

자전거로 여기저기 다니며 이미 저세상 사람인 '루스키' 세 명을 만났다. 내가 알던 '로스케'란 말은 루스키를 비하하는 '러시아 놈' 정도의 일본 비속어였다.

−레닌, "무엇을 할 것인가?"

광장 서쪽 성벽 앞에 있는 자그마한 피라미드 형태의 건물이 이채롭다. 문 앞에는 입장객이 길게 늘어서 있다. '미라 시신'이 된 레닌Vladimir Lenin, 1870~1924이 안치되어 있는 곳이다. 러시아인들에게는 성소聖所인 셈이다.

사실 레닌은 죽으면서 가족들에게 "상트페테르부르크에 있는 어머니 묘

러시아 혁명의 기수 블라디미르 레닌

옆에 묻어달라"고 했다. 그러나 레닌의 추종자들은 망자의 유언을 무시하고 여기에 안치했다.

들어가 박제된 시신을 볼까 하는 호기심이 올라왔지만 곧 단념했다. 긴 줄은 말할 것도 없고, 장소가 장소인지라 소지품 검사 등 분위기가 살벌했다. 또 다른 이유는 자전거를 보관해주지 않는다는 것이었다. 그러나 정작 내가 발길을 돌린 이유는 '이 한 사람으로 인해 그동안 인류가 흘린 피의 양이 얼마나 되며, 과연 그것을 계량이나 할 수 있을까!'라는 생각이 떠올랐기 때문이다.

블라디미르 레닌, 그는 대변혁의 선봉자였다. 한마디로 300년 역사를 이어온 로마노프 왕조를 무너뜨리고 80여 년간 세계사를 좌지우지한 장본인이다. 1870년에 태어나 교사인 아버지로부터 좋은 교육을 받고 자랐다. 법률을 공부해 잠시 변호사 생활도 했지만 칼 마르크스 사상에 심취, 러시아 공산당을 창설하고 1917년 대혁명을 주도했다.

그에 대한 후세의 평가는 다양하다. 유구한 러시아 전통을 파괴한 악마라고 저주하는 사람이 있는가 하면, 낡은 봉건시대의 종언을 고한 구원자라고 주장하는 사람도 있다. 더 나아가 그가 좀 더 오래 살았더라면 스탈린의 공포정치는 없었을 것이고 사회주의는 이상적으로 발전, 온 세계가 레닌을 추앙했을 것이라는 설과, 스탈린이 저지른 '피의 숙청' 정치의 원조는 레닌이라는 상반된 설이 존재한다.

그러나 분명한 팩트는, 그는 세계사의 물줄기를 바꾼 리더였다는 것 아닐까. 19세기 말 러시아 지성인들의 화두는 크게 둘로 나누어졌다. 톨스토이의 '사람은 무엇으로 사는가?'와 체호프의 '무엇이 문제인가?'였다. 이 사이를 파고든 레닌은 '무엇을 할 것인가?What is to be done?'라는 행동적 화두를 던져 대중의 인기를 끌어모았던 것이다.

─스탈린, 잔인한 독재자 두 번 죽다

광장 한구석에서 환생(?)한 그를 만나 대화를 나누고 사진을 찍었다. 관광객을 상대하는 직업이니만큼 공짜는 아니다.

바로 스탈린Joseph Stalin, 1879~1953이다. 그는 흑해에 면한 변방, 그루지아지금은 조지아에서 가난한 구두 수선공의 아들로 태어났다. 술주정뱅

이 아버지는 수시로 스탈린을 구타했지만, 그는 문학청년으로 성장해 정교회 성직자가 되기를 꿈꾸었다. (화가를 꿈꾸며 미술을 공부한 히틀러의 청년시절과 비슷하다는 생각이 들었다.)

어쩌면 이리도 닮았을까! 스탈린 대역으로 전혀 부족함이 없을 듯.

그러나 칼 마르크스의 〈공산당 선언〉을 읽고는 신학교를 자퇴했다.

그는 열성 당원으로 기반을 확보, 중앙에 진출한다. 타고난 동물적 정치 감각으로 40대 중반에 이미 권력의 정점에 섰다.

그는 잔인했다. 광대한 영토와 수많은 종족들을 통솔하기 위해 개인의 자유를 철저히 말살했다. "문제 있는 놈은 모조리 죽여라. 죽음은 모든 문제를 해결하는 가장 간단한 방법이다"라고 말할 정도였다.

한번은 서방 기자가 이런 질문을 했다. "각하, 얼마나 더 죽이실 겁니까?" 스탈린은 무표정한 얼굴로 짧게 내뱉었다. "필요한 만큼."

그의 잔혹성은 러시아 거주 한인들도 피해갈 수 없었다. 일제의 식민 압제를 피해 연해주 일대에 정착해 살던 한인들에게 1937년, 느닷없이 중앙아시아로 강제 이주 명령이 떨어진다. 날로 팽창하는 일본을 견제하고 고려인 소유 재물과 토지를 강탈하기 위한 목적이었다. 그들은 수십 년 나라 없는 설움을 달래며 뼈를 깎는 고통으로 동토를 옥토로 일궈낸 사람들 아닌가. 20만 고려인 '비극의 디아스포라'의 장본인이 바로 스탈린이다.

스탈린은 가족에게도 가혹했다. 첫 번째 부인은 병사했고, 두 번째 부인은 아들, 딸 하나씩 낳았지만, 그의 폭압에 견디다 못해 32살의 젊은 나이에 권총 자살로 생을 마감했다. 장남 야코프 대위는 2차 세계대전 때 독일군에게 포로가 되었다. '대어'를 낚았다고 쾌재를 부른 독일군은 당연 러시아에 독일 장군 포로와 교환을 제의했다. 비서가 이 사실을 스탈린에게 보고하자 한동안 말이 없었다.

침묵은 '거절'이라는 것을 비서는 잘 알고 있었다. 얼마 후 다시 독일군으로부터 최후통첩이 왔다. 내용인즉 "빨리 응답하지 않으면 처형하겠다"였다. 비서는 '그래도 혈육인데…' 하며 망설이다 다시 한번 스탈린에게 보고하자 "나는 그런 놈을 아들로 둔 적이 없어!"라고 나직이 말하며 회전의자를 돌렸다고 한다. 거부 통보를 받은 독일군은 야코프 대위를 곧바로 처형해버렸다.

1953년 3월 사망한 스탈린은 크렘린 안 공동 묘역에 안치되어 있다. 죽을 당시는 '위대한 지도자 동지'였기 때문에 미라 시신이 되어 레닌 옆에 같이 누워 있었다. 그러나 흐루쇼프가 집권하자 스탈린 재평가 운동이 시작되었다. 결과는 위대한 지도자 동지에서 인민을 무수히 죽인 독재자로 격하되어 1961년 미라 시신이 화장되는 부관참시剖棺斬屍를 당하고 말았다.

-주코프, 이등병에서 원수까지

붉은광장에 들어서면 쉽게 눈에 띄는 청동기마상이 서 있다. 말을 타고 있는 사람은 소위 '대조국 전쟁2차 세계대전'을 승리로 이끈 주역, 주코프 원수^{Georgy Zhukov,} 1896~1974다.

전쟁이 발발했을 당시 주코프는 러시아군 참모총장이었다. 히틀러는 장군들의 의견을 무시하고 직접 결정을 내렸지만, 스탈린은 군 작전 전권을 주코프에게 맡기고 자신은 외교와 경제에 전념했다.

4년간 수많은 전투가 벌어졌지만 주요 고비마다 주코프 전술은 성공적으로 먹혀들어갔다. 치열한 공방전 끝에 모스크바 진입을 막았고, 무려 900일간 포위된 레닌그라드^{현 상트페테르부르크}를 인육을 먹으면서까지 지켜, 독일군 대병력을 묶어놓아 히틀러의 기를 꺾어버렸다.

승전의 주역, 주코프 원수

무엇보다 전쟁의 분수령인 스탈린그라드^{현 볼고그라드} 전투에서 승리함으로써 승기를 잡았다. 1942년 8월부터 1943년 1월, 작전이 종료될 때까지 독일군 사상자는 85만, 러시아는 113만 명이었다. 5개월 동안 근 1개 사단 병력이 매일 궤멸되었으니, 인류 역사상 최대 국지전이었다.

양국 모두 이 전투에 명운을 걸었다. 히틀러는 제6군 사령관 파울루

러시아 건축물을 상징하는 성 바실리 성당. 정식 명칭은 포크롭스키 성당인데, 러시아를 대표하는 성인 바실리란 이름으로 굳어졌다.

스 대장을 원수로 승진시키며 "독일 역사상 원수가 항복한 전례는 없다. Victory or Death!"라고 했고, 스탈린은 "총을 들 수 있는 자, 모두 나가 싸워라!"라며 독전했다.

이 전투의 승리로 파울루스 원수는 포로가 되고, 주코프는 원수로 승진했다. 주코프는 대전이 끝난 1945년 5월, 붉은광장에서 열린 승전 퍼레이드 때 백마를 타고 부대 사열을 받는 영광을 누렸다.

러시아 건축물의 상징

붉은광장에서 단연 돋보이는 건물은 성 바실리 성당이다. '쿠폴'이라 불리는 양파 형상 돔은 붉은광장의 랜드마크이기도 하다. 멀리서 보면 동화 속에만 존재할 수 있는 기묘한 건물 같다. '저 돔은 왜 저런 형태로 만들었을까?' 하는 궁금증이 일었다.

여기에 오기 전까지는 아랍이나 인도 색채가 짙은 건축 양식으로 알고 있었다. 인도인 머리에 쓰는 터번이나 회교 사원에 흔한 둥근 돔을 연상했기 때문일 것이다. 하지만 돔은 유럽식 건물 양식으로, 여기에 러시아 '맛'이 가미되어 만들어진 건물이라고 한다.

성 바실리 성당의 둥근 돔은 촛불을 상징한다. 러시아 정교회 신자가 신에게 봉헌하는 기도를 시각적으로 표현한 것이라 한다. 또 다른 이유는 눈이 많은 지역이므로 돔에 걸리는 눈 무게를 구조역학적으로 차단하려는 목적으로 저런 모양이 되었다고 한다. 중앙 첨탑이 46m

로 가장 높다. 그 중심으로 8개의 둥근 돔이 각기 다른 높이로 서 있다. 얼핏 무질서해 보이기도 하지만 가까이서 주의 깊게 보니 조화로움이 돋보인다.

참고로, 고대 그리스 파르테논 신전은 기둥이 많아 실내 면적이 좁아지는 단점이 있다. 그래서 등장한 것이 로마 판테온이고, 더 발전하여 콘스탄티노플^{현재 이스탄불} 아야 소피아 성당 같은 대형 돔 건물이 탄생, 실내 면적을 극대화하게 되었다.

성당은 1560년, 포악하기로 잘 알려진 이반 뇌제雷帝, Ivan The Terrible가 몽골군을 격퇴한 기념으로 세웠다. 성당의 아름다움을 찬양하는 '전설 따라 삼천리' 같은 이야기가 전해 내려온다. 환상적인 건축 솜씨에 반한 이반 4세는 이것을 지은 건축가의 눈알을 뽑았다고 한다. 이유인즉, 이 사람이 다른 곳에서 다시는 건축 활동을 못하게 함으로써 이반 4세 자신만이 바실리 성당의 아름다움을 독점하려 했다는 것이다. 그의 잔인성 때문에 이런 전설이 생겨났으리라.

성당 앞에는 대형 청동상이 서 있다. 1612년 폴란드가 쳐들어왔을 때 민병대를 조직해 적군을 격퇴해 나라를 구한 미닌과 포자르스키의 상이다. 성스러운 성당 안에 이런 '전쟁용사'의 상이 있어야만 하나 하는 의구심이 들었지만, '종교도 나라가 있어야 존재한다'고 생각하니 수긍이 갔다.

임진왜란, 정유재란 때 왜군을 격퇴한 것은 스님을 주축으로 한 의병의 끈질긴 저항 때문이었다. 우리 역사엔 사명당, 서산대사 등 애국·애족의 스님이 많았다. 그런데 왜 우리는 전국에 산재한 명찰에 나라 지킨 스님의 석상 하나가 없을까?

실패한 계획경제의 유산

배가 출출해 맥도날드 '붉은광장점'을 찾았다.

가까이 가보니 긴 줄에 기가 질리고 말았다. 자본주의 '대표 먹거리' 맛에 아직도 취해 있으리라 막연히 추측해본다. 아마도 전 세계 맥도날드 매장 중 가장 붐비는 곳이 아닐까. 여행 중에, 특히 점심은 시간에 쫓겨 패스트푸드는 그나마 괜찮은 선택인데 오늘은 빨리 단념하는 것이 상책이란 생각이 들었다.

굼의 내부. 자연광이 쏟아져 들어와 무척 밝다.

인근 굼 백화점 내에 있는 '스탈로바야 57'이란 식당을 찾았다. 원하는 음식을 골라 담아 계산하고 먹는 방식이니 뷔페와 카페테리아의 절충식이다. 이것저것 골라 담다 보니 30유로^{38,000원 정도}가 넘게 나왔다. 슬쩍 옆사람 것을 곁눈질해 보니 15유로였다.

'아, 내가 어지간히 시장했구나.'

백화점은 자본주의 유통의 꽃이다. 건물은 신고전주의 양식으로 우아했고, 서유럽의 일류 백화점 못지않게 세계적 고급 브랜드들이 입점해 있었다. 원래 백화점 설계의 기본은 매장에 시계와 창이 없다. 그래야 고객이 시간 가는 줄 모르고 구매에만 전념하기 때문이다. 그런데 이 건물은 2만 장이 넘는 유리로 되어 있어 외부 날씨와 태양의 변화를 알 수 있다. 기존 백화점 건물의 통념을 확 깬 것이다. '굼'이란 국영백화점을 뜻하는 러시아어 단어의 첫 글자로 만든 이름이다.

붉은광장 동쪽 크렘린궁과 마주보고 서 있는 이 백화점은 레닌의 지시로 문을 열었다. 1920년대부터 신 계획경제를 추진한 러시아의 목적대로 이 백화점은 노동자, 농민의 풍요로운 소비 생활을 선전하는 전시행정 역할을 해왔다. 하지만 물자부족으로 매장이 텅 비니 궁핍한 인민들 간의 괴리감만 키워 점차 유명무실해졌다. 구소련이 붕괴되고 자유시장경제 체재 도입으로 20여 년이 지난 지금 다시 활력을 되찾아가고 있다.

Victor Choi's Wall

간만에 먹고 싶은 것을 배불리 먹고 나니 그간 쌓였던 여독이 해소되었다. 페달에 힘이 절로 들어간다. 꼭 기분만은 아닌 것 같다. 붉은 광장을 나와 '아르바트'를 향했다.

빅토르 최(1962~1990)

아르바트란 말은 '예술인의 거리'란 뜻이다. 중세에 이 거리가 처음 형성될 때는 수공예품을 만드는 장인들이 모여 살았다. 지금은 파리 몽마르트르 언덕처럼 젊음과 예술의 거리로 통한다. 물론 차는 통행금지.

거리 화가가 관광객을 상대로 초상화

'빅토르 최의 벽'을 찾았다. 벽에 낙서한 듯 무질서하게 쓰여진 글들은 그의 노래 가사들이다. 내가 찾은 그날도 참배객이 정성껏 추모하고 있었다.

를 그려주고 있다. 주변엔 러시아를 빛낸 각 분야 예술인들의 동상이 눈에 띈다. 푸시킨, 음울한 표정으로 앉아 있는 도스토옙스키 상이 이곳의 아이콘이다. 내가 이 거리를 찾아가는 이유는 요절한 천재가수 빅토르 최를 기리는 '빅토르 최의 벽Victor Choi's Wall'을 보기 위해서였다.

빅토르 최는 한국인 아버지와 우크라이나인 어머니 사이에서 태어났다. 건물 배관 일을 잠깐 하다 스무 살 때 록그룹 '키노'를 만들었다. 곧바로 '저항과 자유의 음유시인'으로 일약 러시아 젊은이들의 우상으로 떠올랐다. 그는 공연장마다 구름떼 같은 젊은이들을 몰고 다녔다. 1986년 6번째 앨범 〈밤〉은 100만 장 이상 팔렸다. 이듬해 영화 〈이글라〉에 출연하여 1,500만 명의 관객을 동원했다.

그는 어느새 젊은 청춘들의 대변자로 자리매김했다. 인기가 하늘을 찌르자, 당시 공산당 서기장 고르바초프까지 그를 불러 개혁과 개방 정책에 협조해달라고 부탁할 정도였다.

빅토르 최는 공연차 라트비아 리가에 갔다가 거기서 교통사고로 숨졌다. '벽'은 한계를 의미한다.

그의 삶은 거기까지였다. 의문의 교통사고로 짧은 삶을 마감했지만, 그는 많은 러시아인의 가슴속에 여전히 살아 있다. 영화 세 편만을 찍고 25살의 나이로 요절해 전 세계 영화팬의 가슴속에 영원히 살아 있는 제임스 딘처럼.

고려인 블라디미르 장. 한국어를 잘 구사해 놀랐다.

고려인의 후한 '담배 인심'

내가 찾은 날도 추모객이 이어지고 있었다.

30년 가까운 세월이 흘렀지만, 청춘남녀나 초로의 부모들이 자식의 손을 잡고 숙연한 표정으로 벽을 응시하며 빅토르 최를 추모했다. 골초였던 그를 추모하는 듯 젊은이들은 담배를 한 대씩 뽑아 물고는 허공에 연기를 내뿜기도 했다. 마치 제단 앞에서 향을 피우듯이. 그 모습을 보니 나도 순간 담배 한 대가 피우고 싶어졌다.

20년 된 금연 맹세가 위기에 봉착했다. 한 갑 사기는 그렇고… 망설이던 차에 마침 한 카레이스키가 있어 넉살 좋게 말을 걸었다.

"실례지만 담배 한 대 얻을 수 있을까요? 저는 서울에서 온 자전거 여행가 차아무개입니다."

"물론이죠. 원하시면 남은 것 다 드릴게요! 러시아 담배인데 좀 독할 겁니다. 저는 블라디미르 장입니다."

"아니오, 하나면 됩니다."

불까지 얻어 한 모금 빨아 허공에 길게 내뿜으며 대화를 이어갔다.

"어디서 오셨습니까? 고려인이시죠?"

"네, 우즈베키스탄에서 사업을 하는데 모스크바에 사는 친척을 만나러 왔습니다."

"왜 여기를 찾았습니까?"

"그의 노래를 좋아합니다. 고등학생 때였죠. 그의 인기는 정말 대단했습니다. 우리 고려인들의 자랑이기도 하고요!"

"한국 사람들도 많이 알고 있습니다. 그해 서울 방문이 이루어졌더라면 굉장했을 텐데 참 애석하지요."

"네, 그렇지요. 그런데 나이가 나보다 위 같은데 힘든 자전거 여행을 어떻게 하는지 이해가 안 갑니다. 아무튼 안전여행 하세요."

'담배 한 대'는 인간관계의 윤활유였다. 그렇다고 다시 피울 생각은 없다. 낯설기만 했던 이국땅 모스크바에서 서로 교감을 할 수 있는 한 핏줄을 만났으니 오늘은 '여행 운'이 좋은 날!

황제석의 짧은 영광

볼쇼이 극장Bolshoi Theater은 러시아 공연예술의 대표적인 곳이다. 예술을 사랑하는 러시아인의 자부심이 서린 곳이기 때문이다. 발레나 음악에 조예가 없더라도 모스크바에 왔다면 무리해서라도 공연 감상

러시아 공연예술의 전당 볼쇼이 극장

을 하면 두고두고 잊지 못할 추억이 될 것이다.

볼쇼이는 러시아어로 '크다'란 뜻이다. 고유명사가 아닌 '대극장'이란 말인데, 러시아에서 이곳을 대적할 만한 곳이 없으니 자연스레 정식 이름으로 굳어졌다.

건물은 외관부터가 범상치 않다. 위풍당당한 극장 입구 기둥은 바티칸 베드로 성당 열주를 연상시킨다. 8개의 기둥 위 발코니에 네 마리 말이 끄는 마차를 몰고 태양을 향해 달리는 아폴론 상이 놓여 있다. 베를린의 브란덴부르크 문 위에도 똑같은 상이 올려져 있다. 아폴론은 태양신인 동시에 아홉 명의 뮤즈를 거느린 음악을 관장하는 신이기 때문일 것이다.

원래 볼쇼이 극장은 황제와 귀족을 위한 전용 극장이었다. 1877년 차이콥스키의 〈백조의 호수〉가 초연된 것으로 유명하고, 발레 이외에도 오페라, 각종 콘서트가 열린다. 이 극장의 최초 건립은 1780년이지

볼쇼이 극장 내부. 황제가 앉아 감상하던 바로 그 자리에 앉았다.

만 그간 여러 차례 혁명, 전쟁, 화재 등을 겪고 최근 2005년부터 2011
까지 6년간 대대적 보수로 2천 명 이상 수용하는 거대한 규모로 새롭
게 문을 열었다.

모스크바에 왔으니 정식 공연 관람은 못하더라도 내부만이라도 들
어가보고 싶었다. 관광안내소에 문의해보니 주 3회 한 시간 정도 '극
장 내부 투어'가 있다고 한다. 역시 '수요는 공급의 어머니'란 말이 떠
올랐다.

그러나 입장 경쟁이 만만치 않았다. 가격은 1,500루블3만 원 정도, 유로
화와 병행 사용 가능로 웬만한 유명 미술관 입장료 두 배 값이었다. 이는 영
어 가이드 투어의 경우였고, 러시아어 투어는 500루블이었으니 외국
인에 바가지를 씌우는 것 같아 뒷맛이 개운치 않았다. 그러나 어쩌랴,
내가 급하니….

자전거 백야기행

20여 명의 영어권 여행자들과 함께 입장했다. 외관 못지않게 내부도 휘황찬란했다. 최신 대형 음향장비를 비롯, 고급 대리석 바닥에 붉은 카펫, 멋진 샹들리에, 화려한 회화, 조각상들이 눈을 사로잡았다.

무대가 있는 공연장 안으로 들어갈 때는 가이드가 휴대폰을 끄고 말을 하지 말라고 당부했다. 리허설 때문이었다. 한 여가수가 평상복을 입고 목청껏 노래 부르고 있었다. 진짜 공연보다 편하게 부르는 '리허설 콘서트'가 더 심금을 울릴 수도 있다는 생각이 들었다.

과거 왕조 시대에 황제가 앉았다는 황제 전용석에 앉아 감상한 5분의 시간이 그렇게 감미로울 수 없었다.

러시아 정교회의 총본산

'쓰빠씨바'-내 귀에는 강한 욕같이 들리는데, 실은 '고맙다'는 좋은 뜻이다. 어원이 '신이여, 구원하소서'란 다분히 종교적 의미를 담고 있어 이들의 종교인 러시아 정교회Russian Orthodox Church에 대해 알고 싶어졌다. 현재 러시아의 국교로 국민 70%가 신자이다.

볼쇼이 극장을 나와 '모스크바레츠키 다리'를 향해 달리기 시작했다. 이 다리를 찾아가는 이유는 자전거 길이 잘 조성된 모스크바 강변을 달려 정교회 총본산 '구세주 그리스도 대성당Cathedral of Christ the Saviour'을 찾아가는 지름길임을 알았기 때문이다.

시원한 강바람을 맞으며 한 20여 분 달렸을까, 황금색 양파 돔 아래 장중한 석조 건물이 눈에 들어온다.

러시아 정교회의 구세주 그리스도 대성당. 높이 103m로 세계 정교회 중 가장 크다.

AD 988년 키예프 공국의 블라디미르 대공은 유대교, 이슬람교를 놓고 저울질하다가 그리스 정교를 국교로 받아들이기로 한다. 이유인 즉, 당시 비잔틴 제국의 수도 콘스탄티노플에 있는 소피아 성당에서 열리는 장엄한 미사의식에 매료되었기 때문이다. 그래서일까, Φ, Π, Γ 등 러시아 문자와 그리스 문자는 서로 유사한 것들이 많다.

1917년 공산당이 집권하자 가혹한 종교 박해가 시작된다. 성직자와 수도자가 누리던 모든 특권을 박탈하고, 당시 55,000개의 교회 중 54,000개를 파괴했다.

1838년 착공, 1883년 완공한 역사 깊은 이 성당 역시 예외가 아니었다. 1931년 스탈린은 '종교는 아편으로 사회주의 건설에 걸림돌'이라며 폭파식을 거행하고는, 그 자리에 대형 놀이터와 수영장을 만들어 성스런 곳을 희화화시켰다. 마치 일제가 조선왕조 궁궐 중 하나인 창경궁을 창경원으로 이름을 바꿔 동물원을 만들듯이.

일제는 더 나아가 조경 명목으로 본국에서 사쿠라 2천 그루를 들여와 심었다. 그리고는 매년 봄, 개화시기에 맞추어 '관앵觀櫻 대회'니 '야앵夜櫻 놀이'를 열었다. 여기에는 궁궐의 의미를 격하시키고 민족의 얼을 짓밟으려는 일제의 저급한 목적이 숨어 있었다.

왜 아카펠라인가?

세상은 바뀌었다. 1990년 고르바초프 주도하에 소련 최고회의는 '종교의 자유법'을 통과시켰다. 이에 따라 2000년, 철저한 고증을 거쳐 재건설한 것이 바로 이 성당이다.

성당에 구세주The Saviour란 이름이 붙은 이유는 나폴레옹이 쳐들어왔을 때 극적으로 승리해 나라를 구한 것을 기념하기 위해서였다.

러시아 정교회 성당 내부. 의자와 악기, 성물상이 없고 대신 성화 이콘이 많다.

러시아 정교회 십자가. 서구의 밋밋한 십자가와 대비된다.

성당 안으로 들어갈 때 안내판을 보니 복장이나 태도, 카메라 등 휴대 물품 반입에 대해 다분히 '경고성' 설명이 붙어 있다. 또 입구에서 소지품 검사는 국제선 비행기 보안검색과 비슷할 정도로 엄격했다.

배낭은 아예 보관함에 넣었다. 헬멧은 벗어 왼팔에 끼고 다소곳한 표정을 지으니 "들어가도 좋다"고 했다. 그리고 실내에도 감시원이 많으니 조심하라고 주의를 준다.

안으로 들어서니 아름다운 성화들이 잘 진열되어 있어 마치 미술관에 들어온 듯한 착각이 들 정도였다. 정교는 시각적 이미지를 중요시한다. 십자가도 밋밋한 기독교보다 선線이 하나 더 있어 기하학적인 미가 있다. 도스토옙스키가 정교에 대해 "아름다움이 세상을 구원하리라"라고 한 말이 떠올랐다.

러시아 정교는 서구 기독교와 다른 몇 가지 특징이 있다. 넓은 홀에 응당 있어야 할 의자가 없다. 신도는 기립자세로 예배를 드린다.

그리고 파이프 오르간이나 피아노 같은 악기가 없다. 오직 인간의 목소리만으로 찬송가를 부른다. 아카펠라acappella, 무반주 합창를 고수하는 이유는 악기란 불완전한 인간이 만든 것이므로, 신이 직접 창조한 육성vocal으로 경배드려야만 한다는 뜻이다. 실내에 청아하게 울려퍼지

자전거 백야기행

는 무반주 보컬이 경건한 신심을 우러나오게 하는 것만 같았다.

마지막으로 성물상^{聖物像}이 없다. 대신 제단 쪽에 각종 '이콘^{Icon, 聖畵}'
이 놓여 있다. 이콘이란 정교도의 경배 대상으로 예수나 성모, 성인을
그린 그림이다.

천 년의 반목을 끝내다!

몇 년 전에 신문에서 "바티칸 교황과 러시아 정교의 역사적 만남"
이란 제호의 기사를 보았다. 프란치스코 교황과 키릴 총대주교가 포
옹하는 사진도 큼직하게 실렸다.

두 종파 간 반목은 천 년을 거슬러 올라간다. 동방정교회는 1054년
동서 교회 분리 때 로마 가톨릭과 결별했다. 이때 로마 가톨릭의 레오
10세 교황은 동방정교회의 미카엘 콘스탄티노플 대주교를 파문, 갈등
이 시작되었다.

가톨릭에서 교황은 교회에 관한 절대적 권한을 행사하는 반면, 정
교는 총대주교도 인간에 불과하므로 오류를 범할 수 있으니 절대 권
한은 신에게 맡겨야 한다는 교리의 차이에서 갈등이 비롯되었다.

정교는 그리스 정교회와 러시아 정교회 두 축으로 각 지역별로 교
구가 분리돼 있다. 러시아 정교회는 2억 명가량의 신도를 거느린 최
대 교세로 동유럽 등지를 중심으로 발전해왔다. 러시아 정교회와 로
마 가톨릭의 사이는 그다지 좋지 못했다. 바티칸이 정교회 신자들을
개종시키고 있다고 비난해왔다.

2003년 푸틴 러시아 대통령이 바티칸을 방문한 뒤 교황을 러시아에 초청했지만 정교회가 반대해 무산됐다. 2005년 바오로 2세가 선종한 뒤 교황 자리에 오른 베네딕트 16세는 키릴 총대주교와의 만남을 추진했지만 역시 성사되지 못했다.

현재 교황 프란치스코의 즉위 이듬해인 2014년 "당신이 원하는 곳 어디서든 나를 부르면 가겠다"며 러시아 정교회 총대주교와의 만남을 추진해오던 중 두 지도자는 쿠바 아바나에서 역사적으로 회동, 참회의 마음으로 오랜 갈등을 청산하고 '화해'하기로 한 것이다.

트레티야코프 미술관을 찾아서

트레티야코프 미술관The State Tretyakov Gallery은 상트페테르부르크에 있는 에르미타시 박물관과 서로 쌍벽을 이룬다. 19세기 러시아 미술

트레티야코프 미술관. 외관은 소박하지만 '짭짤한 작품'이 많은 러시아 미술의 보고다.

자전거 백야기행

이바노프의 〈민중 앞에 나타난 예수〉. 지팡이를 든 사람이 세례 요한이다.

전성 시기의 작품을 많이 소장하고 있다. 러시아 미술의 진수를 알려면 놓치지 말아야 할 곳이다.

러시아는 대문호를 많이 배출했듯, 미술 역시 세계적인 화가들이 많다. 우리에게도 잘 알려진 샤갈, 칸딘스키, 말레비치를 비롯해 레핀의 작품들을 만나볼 수 있다는 설렘에 나는 밤잠을 설쳤다.

첫 손님으로 입장할 생각에 새벽밥을 먹고 바삐 페달을 밟았다. 오후에는 멀리 떨어진 국립 모스크바 대학교를 가볼 계획을 세웠기 때문이다.

미술관은 붉은광장에서 남동쪽 방향으로 내려가다 보면 잘 조성된 녹지 공원과 조각 공원이 나타나는데 그 부근에 있다. 워낙 유명해 쉽게 찾아들었다.

트레티야코프 미술관은 구소련 붕괴 이후 새롭게 단장해 개관했다. 그 때문인지 고풍스런 맛은 없고 단아하고 깔끔하다는 느낌만 받았다. 관내에 들어서니 먼저 큰 동상 하나가 나를 반긴다. 설립자 파벨 트레티야코프[1832~1898]이다.

그는 무역으로 엄청난 돈을 벌어 작품을 수집했다. 동생 세르게이와 함께 평생 모은 작품을 1892년 모스크바시에 기증했다. 그리고는 죽을 때까지 큐레이터로 일하며 작품 컬렉션에 열중, 미술관 발전에 여생을 보냈다.

인간이 오래 이름을 남기는 방법

과거 뉴욕과 빌바오를 갔을 때의 기억을 떠올렸다.

19세기, 미국인 다니엘 구겐하임은 광산 사업으로 엄청난 부를 축적해 세계 유명 미술품을 수집했다. 뉴욕에 구겐하임 미술관[Guggenheim Museum]을 건립해 작품을 전시하고 있다. 후손 역시 선대의 유지를 받들어 이탈리아 베니스, 스페인 빌바오 등지에 미술관을 운영하고 있다. 구겐하임은 자국은 물론 세계 도처에서 살아 숨쉬고 있다.

재력이 있다고 해서 모두 훌륭한 작품을 소유하는 것은 아니다. 15세기 피렌체에는 돈 있고 힘 있는 여러 가문이 경쟁하고 있었다. 그러나 르네상스를 주도한 '메디치 가문'만이 예술가와 그 작품을 보는 안목이 있었다.

미래를 통찰하고 미술품에 조예가 깊었던 삼성그룹 고 이건희 회장. 그는 살아생전 거금을 들여 국내외 미술품을 많이 수집했다. 작고 후 유족이 발표한 수집품 종류와 가치, 숫자는 세인의 상상을 뛰어넘었다.

〈월인석보〉를 비롯한 국보급 보물, 김홍도, 겸재 정선, 박수근, 이중섭, 김환기, 허백련 등의 작품을 소장했고, 외국인은 피카소, 모네, 르누아르, 달리, 미로, 고갱, 자코메티 등의 작품도 상당수 수집하여 무려 11,023건에 23,000점이다. 돈으로 환산할 수 없는 것도 부지기수다.

외국에서도 이런 기증자는 찾아볼 수 없는 경우라고 한다. 이런 작품 하나를 보기 위해 해외에서 여행 올 정도의 '컬렉션'들이다. 이 모든 것을 국립중앙박물관과 국립현대미술관에 기증 서약함으로써 온 국민의 가슴에 큰 울림을 주었다.

인간이 이름을 남기는 데는 여러 방법이 있다.

왕후장상王侯將相으로 역사책에 이름을 올리지 못할 바에는, 막대한 재산으로 미술품을 사들여 사회에 환원한다면 이보다 더 확실한 길은 없을 것 같다. 또한 '노블레스 오블리주Noblesse Oblige'를 실천하는 첩경이기도 하다.

미술은 우리에게 감동과 위로를 주며, 삶의 고단함을 덜어준다. 이것이 인간의 곁을 떠나지 않는 한, 파벨 트레티야코프나 구겐하임, 이건희 등은 오래 기억될 테니까.

국립 모스크바 대학의 위용. '7자매' 중 맏언니 격이다

'스탈린의 7자매' 건물 유감

나는 여행 중 그 나라 유수 대학은 거의 빼놓지 않고 들른다. 나라의 문물과 문화 척도를 가늠해볼 수 있기 때문이다. 유럽의 경우 3, 400년의 전통을 자랑하며 세계적 지성을 배출한 명문 학교가 많다. 지금 찾아가는 모스크바 대학 역시 그런 범주에 드는 교육기관이다.

차량이 많은 시내를 통과하기 싫어, 멀기는 하지만 모스크바 강변을 따라가기로 했다. 천천히 주변 풍광을 음미하며 페달을 밟았다.

시원한 강바람이 얼굴에 부서진다. 통학하는 학생들을 위해서일까, 대학으로 향하는 자전거 도로는 우리나라 한강 수계 자전거 길처럼 잘 정비되어 있다. 다만 다른 점이 있다면 중간에 공중화장실이 없다. 나는 여행 중 수분 섭취는 물론 음식도 가급적 적게 먹는다. 고육책이기는 하지만 여행 중에 '폐기물 처리'가 그만큼 중요하는 말이다.

모스크바 대학은 1755년 설립되었다. 전통을 자랑하는 러시아 최고 명문이다. 안톤 체호프, 바실리 칸딘스키, 물리학자 사하로프, 고르바초프 등 많은 인재를 배출했다. 원래 의학, 법학, 철학 등 3개 학부로 개교했으나, 1917년 러시아 혁명 이후 종합대학이 되었다.

모스크바에 '스탈린의 7자매Stalin's Seven Sisters'란 재미있는 이름의 건물 일곱 개가 있다. 형태는 비슷하다. 건물은 일명 '스탈린식 건물'로 스탈린 철권 통치시대에 독재자 자신의 위용을 과시하기 위해 7개 건물을 높고 크게 지었다. 실제로 보면 입이 떡 벌어질 정도로 거대해 보는 이를 압도한다.

가끔 TV에 등장하는 외무성 건물을 비롯, 맏언니 격인 모스크바 대학 건물-솔직하게 말하면 실망스러웠다. 세월의 흔적이 우러나오는 고색창연한 유럽의 여타 명문 대학과는 달리 보여주기식 공산주의 '전시행정 건물' 같은 생각이 들었기 때문이다.

국립 모스크바 대학 면학상 앞에서

상트페테르
부르크

가장 러시아답지 않은 러시아

상트페테르부르크^{Saint Petersburg}는 '러시아 자체'다. 단순히 도시가 아니라 대황제, 예술, 대문호, 전쟁, 혁명, 영웅 등 러시아의 모든 것이 다 있다. 역사가 살아 숨 쉬는 이 도시 하나로 러시아는 과거의 영광과 문화적 자존심을 드높이고 엄청난 관광객을 불러모은다.

1990년에 도심 전체가 유네스코 세계유산으로 지정되었고, 매년 도시 인구보다도 많은 600만 명 이상이 관광차 방문한다. 별칭은 '북방의 암스테르담'이다. 지리적으로 유럽 가까이 있고, 바다와 강과 운하가 절묘하게 어우러져 있다. 도시의 아름다움은 러시아 양식과 유럽 양식이 절묘하게 만나, 러시아 그 어느 도시에서도 볼 수 없는 독특한 분위기를 자아낸다.

웅장한 석조 건물의 대향연, 대문호 도스토옙스키와 푸시킨, 화가 레핀, 음악가 쇼스타코비치 등 기라성 같은 예술가들이 숨 쉬던 곳이다. 세계 3대 박물관 중 하나인 에르미타시 등 예술 향기가 넘치는 유서 깊은 도시지만, 2차 세계대전 때는 끔찍한 '죽음의 도시'이기도 했다.

28쌍의 코린트식 열주가 눈길을 끄는 카잔 대성당. 기적을 행하는 카잔의 성모 이콘이 보관되어 있다.

이곳은 레닌이 주도한 사회주의 혁명의 진원지였다. 혁명 성공 후 '레닌의 땅'이란 의미로 '레닌그라드'로 개명했으나, 1991년 시민투표에 의해 상트페테르부르크란 원래 이름을 되찾았다. 근원을 더 거슬러 올라가면, 상 페테르부르흐 Sankt Piterburkh 로 네덜란드식 지명이었다. 이 도시의 창설자가 대항해 시대 선두주자였던 네덜란드 암스테르담을 모델로 삼았기 때문이다.

우리나라 최초 세계일주 기행기

나는 러시아 하면 그 어느 도시보다 상트페테르부르크를 먼저 떠올리곤 했다. 이번 여행길에서 수도 모스크바에서의 체류 일수를 줄이더라도 이곳은 꼭 찬찬히 뜯어보고 싶었다. 자전거로 가려니 일주일

아름다운 물의 도시 상트페테르부르크. 운하로 연결된 암스테르담과 많이 닮았다.

이상 소요될 것 같아, 이동에 더 이상 체력을 소진시키고 싶지 않아 기차를 이용하기로 했다.

모스크바에서 출발역은 레닌그라드 역이었다. 러시아는 도착지를 기준하여 역 이름이 결정되는 것이 흥미롭다. 상트페테르부르크 행 야간열차에 몸을 실으니, 그 옛날에도 야간열차를 이용했던 민영환 공사1861-1905, 내부대신. 을사조약 체결 후 자결로 항거의 모습이 오버랩되었다. 1896년 3월, 고종의 특명전권 공사로 임명된 그는 윤치호, 이범진 등 사절단을 이끌고 니콜라이 2세 대관식 참석차 모스크바를 거쳐 야간 열차로 이곳에 왔다.

민영환이 쓴 책 〈해천추범海天秋帆〉은 우리나라 최초 세계일주 기행 문이다. 대관식을 목표로 7개월 전 한양을 출발한 민영환 일행은 중국, 일본을 거쳐 캐나다, 미국을 경유해 영국, 아일랜드, 네덜란드, 독일, 폴란드를 지나 러시아에 도착했다. 책은 총 204일간 11개국을 돌아본 대장정의 기록이다.

'해천추범'이란 '넓은 세상을 향해 나아가다'라는 뜻이다. 책 제목에서 알 수 있듯 민영환은 조선의 근대화라는 과제를 안고 장도에 올랐다. 선진 문물을 면밀하게 관찰하고 이를 조선에 적용하기 위해 고심한 흔적을 글 행간에서 어렵지 않게 찾을 수 있다.

그는 이미 크고 찬란한 도시들을 거쳐 왔는데도 이곳 상트페테르부르크의 도시 규모에 새삼 감탄을 표시했다. "피득보彼得堡, 상트페테르부르크의 중국식 표기는 사방이 100여 리에 인구가 100만 명이 넘으며, 시가지와 집들이 웅장하고 큰데다가 예와강夷瓦江, Neva river이 온 도시를 껴안

앓고 황제의 대궐이 강에 임했다."

자전거는 기차를 타고

객실 구조는 '쿠셋'이라는 4인용 방, 양쪽 2층으로 침대가 놓여 있다. 사실 이 정도 면적이라면 2명이 타고 가면 딱 알맞을 듯하다.

그러나 지나온 발틱 국들이나 모스크바 등 어디를 가나 중국인 관광객들로 넘쳐났다. 야간열차 몇 량은 그들이 싹쓸이해버렸으니, 나머지를 4인으로 꽉꽉 채워 갈 수밖에 없는 노릇이다. 오래전 예약한 단체표도 아니고, 하루 전 직접 창구에서 표를 구한 것만도 행운이었다. 다만 자전거를 따로 보관할 짐칸이 없는 것이 아쉬웠다.

최대한 분해해서 객실 방에 들여놓았으니 세 사람의 눈총이 따갑게 느껴졌다. 객실은 협소해 들어가니 바로 누워야만 했다. "이즈비니쩨 실례합니다"를 연발하고는 내 침대에 찾아들었다.

집 떠난 지 며칠이나 되었을까….

여행 중엔 시간의 흐름이 더 빠른 것 같다. 지나온 모스크바에서의 일들이 벌써 먼 추억처럼 느껴졌다. 이제 새롭게 펼쳐질 상트페테르부르크의 설렘으로 쉽게 잠을 이룰 수 없었다. 차창에 어리는 '별밤'은 밤 열차 여행의 운치를 더해준다.

열차는 어둠을 가르며 쉼없이 달리고 있다. 내가 생각하는 진정한 여행은 단순히 공간을 이동하는 행위만이 아니다. 초고속 여객기가 하늘을 가르고, 크루즈 여행이 고급스런 여행 수단의 총아로 각광받고 있다. 그래도 여전히 열차는 여행의 본질에 깊이 닿아 있다. 더구나 야간열차이기에….

넵스키 대로

시간이 얼마나 지났을까… 동틀 무렵 잠이 깼다.

좁긴 했지만 요람처럼 흔들려 그런대로 숙면을 취했다. 조금 누워 있으니 먼동이 터오며 차창 밖으로 집들이 휙휙 지나간다. 밤새 달려온 열차가 상트페테르부르크 외곽에 진입한 것이다.

일어나 화장실에서 간단한 세면을 마치고 방으로 돌아오니 기차는 이미 정차했다. "도브라에 우뜨라Good morning!"하며 하룻밤 동침한 3인 러시아인에게 내가 먼저 작별인사를 건넸다. 비록 감정표현이 무딘 러시안일지라도 먼저 인사를 하니 반갑게 "하라쇼好다! 즐거운 여행 하시오!"하며 화답했다.

그들이 나간 다음 나는 자전거 가방을 들고 마지막으로 내렸다. 이제는 별로 바쁠 것이 없다. 도시가 아직 잠에서 덜 깼기 때문이다. 플랫폼 한 구석에서 천천히 자전거 조립을 마치고 역을 빠져나오니 상큼한 아침 공기가 얼굴에 스친다.

바로 눈앞에 왕복 8차선 큰길이 시원하게 뻗어 있다. 넵스키 대로Nevski Prospekt다. 예상은 했지만 이 거리에서 자전거 타는 사람은 볼 수 없었다. 위험했지만 최대한 우측에서 온 신경을 집중해 천천히 페달

넵스키 대로에서의 질주. '자전거 문화'를 기대할 수 없는 나라에서는 조심 또 조심만이 살 길이다.

을 돌리며 거리 풍경을 음미했다.

이 길은 상트페테르부르크에 여행 온 사람이면 누구나 한두 번쯤은 걸어본다. 길을 중심으로 궁전, 성당, 극장, 백화점, 도서관, 카페 등 온갖 건물이 즐비하다. 제정러시아 시절부터 서민에서 귀족에 이르기까지 모두의 생활터전이었다. 1718년에 개통되었는데, 당시엔 마차만 다니던 시대였다. 미래를 내다본 당시 도시 계획 설계자의 혜안이 놀랍다.

포효하는 청동기마상

자전거로 20여 분 달리니 대로 서쪽 끝부분에 도착했다.

여기에 우람한 성 이삭 성당과 옛 해군성 건물 사이에 잘 가꾸어진 녹색 광장이 나온다. 그곳에 서 있는 멋진 '청동기마상Bronze Horseman'

표트르 대제의 청동기마상. 푸시킨은 〈청동기마상〉이란 대서사시로 대제의 업적을 찬양했다.

이 나를 반긴다. 앞발을 들고 포효하는 준마는 당장이라도 광장을 향해 질주할 것만 같다. 유럽을 여행하며 많은 기마상을 보았지만 이렇게 박진감 넘치는 자태는 처음이다. 표트르Pyotr Alexeyevich Romanov, 1672~1725 대제 기마상이다.

오른손을 들고 응시하는 네바강은 상트페테르부르크와 러시아의 미래를 상징하고, 말 뒷발굽 밑에 깔려 있는 뱀은 내부 반대자와 외부 적을 의미한다. 기마상을 받치고 있는 거대한 주춧돌은 벼락 맞은 돌을 썼다고 한다. 거기에는 이렇게 쓰여 있다. 'PETRO PRIMO CATHARINA SECUNDA예카테리나 2세가 표트르 1세에게.'

이 청동기마상을 봉헌한 예카테리나 2세는 누구이며, 왜 이런 글귀를 새겨놓았을까 하는 궁금증이 생겼다.

그녀는 로마노프 왕조 제7대 황제인 남편을 폐위시키고 권좌를 차지했다. 남편과는 달리 총명하고 야심만만한 예카테리나 2세는 옛 독일인 프로이센 변방 출신이었다. 콤플렉스를 애써 불식시키기 위해 위대한 표트르의 적통임을 강조한 것이다.

예카테리나 2세는 재위 기간1763~1796 동안 성공적으로 러시아를 통치했다. 수차례 전쟁과 외교정책을 통해 당시 최강자 오스만투르크 제국현재 터키과 폴란드로부터 상당한 땅을 확보해 러시아를 강대국 반열에 올려놓았다. 표트르 대제의 위업을 잇기 위해 무진 노력한 여걸이었다.

표트르 청동기마상은 1770년에 시작하여 1782년에 완성한 프랑스 출신 조각가 팔코네의 작품이다. 당시 러시아는 프랑스 문물을 숭상했고 상류층은 불어를 선호했다. 팔코네는 기마상 콘셉트를 이렇게 말하고 있다.

"나는 죽어 있는 물질에 살아 있는 정열적인 본성을 주입하고 싶었다. 그래서 이 상을 위대한 정복자보다는 창조자의 개성을 표현했다."

표트르는 세계에서 가장 넓은 영토를 가진 근대 러시아를 설계한 사람이었다. 현재까지도 러시아에서 가장 존경받는 인물로 표트르를 꼽는다. 역사가들은 "러시아의 역사는 표트르 대제 이전과 이후로 나

넌다"라고 말한다. 300년이 지난 지금까지도 러시아인들의 생활에 영향을 미치고 있다는 말이다. 그래서 표트르를 대제라 부르는 데 러시아인들은 주저하지 않는다. 그의 큰 업적 중 하나가 바로 매력의 도시, 상트페테르부르크 건설을 주도했다는 것이다.

'왕좌에 앉은 영원한 일꾼'

표트르 대제, 그는 누구인가?

알렉세이 1세와 후궁 어머니에게서 태어난 그는 왕위 서열에서 비켜 있었다. 그러나 행운의 여신은 러시아에게 이런 지도자를 내리도록 미소 지었다. 표트르는 타고난 체력과 카리스마, 솔선수범하는 리더십, 그리고 앞을 내다보는 통찰력이 있었다. 부국강병으로 영토 확장만이 '국가의 미래'라는 것을 일찌감치 깨달았다.

그는 서유럽을 배우기 위해 25살 때 대규모 시찰단을 조직해 러시아를 떠났다. 이때 본국에서 반란 소식이 들려오자 즉시 귀국해 반란을 진압하고 주모자를 잔혹하게 처벌, 입지를 굳혔다. 그리고는 구습을 혁파하는 과감한 개혁정책을 펼쳤다.

당시 최강국 스웨덴을 상대로 '북방전쟁'에서 승리함으로써 발틱해의 강자로 우뚝 선다. 전쟁 경험을 통해 '해군력이야말로 국력의 척도'임을 절감하고는 조선업에 열중한다. 후일 '세계 최강 발틱함대'라는 평판의 원천은 바로 표트르였다.

그는 항구를 끼고 국제무역을 통해 부를 축적하여 넓은 식민지를

신도시 건설 당시 표트르 대제의 집무실. 벽에 그의 초상화가 걸려 있다.

거느린 네덜란드, 영국 등을 주목했다. 특히 16, 17세기 '대항해 시대'의 주역 암스테르담은 벤치마킹 대상이었다.

드디어 1703년 5월 16일, 그는 핀란드만과 네바강이 만나는 어귀에 새로운 수도를 만들겠다는 '기상천외한 발상'을 발표했다. 신도시가 들어설 지역은 척박한 늪지대였다. 강과 호수가 자주 범람해 사람이 살기에 부적합한 곳. 그러나 표트르는 서유럽과 어깨를 겨누려면 이 정도 난관은 극복해야만 한다고 굳게 믿었다.

한 걸음 더 나아가 전통적 러시아식 목조 가옥을 배격하고 유럽식 석조건물을 자신이 직접 설계했다. 토끼란 뜻의 자야치 섬에 통나무로 된 임시 숙소에 기거하며 건설 현장을 진두지휘했다. 군주가 '건설본부장' 역할을 하니 누가 감히 따라오지 않겠는가. 대문호 푸시킨은 그를 가르켜 '왕좌에 앉은 영원한 일꾼'이라고 표현했다.

늪지인 이 지역은 돌이 귀한 곳이다. 표트르는 돌을 모으기 위해 신 수도가 완성될 때까지 러시아 전국의 모든 석조 공사를 중단시킨다. 그렇게 하고도 모자라 기상천외한 발상, 즉 '석세石稅'란 새로운 칙령을 발표했다.

"상트페테르부르크로 오는 사람은 무조건 돌을 휴대해야 한다. 마차로 올 경우 2kg짜리 3개, 배로 올 경우 5kg짜리 10~30개를 가져와야 한다. 이를 지키지 않을 경우 세금을 부과할 것이다."

도시 윤곽이 거의 잡혀갈 무렵, 춥고 홍수 잦은 이곳에 사람들이 이주를 꺼리자 또 다른 기발한 칙령을 발표했다.

"농노 30명 이상을 거느린 귀족은 무조건 이주해야 하고, 귀족 자제의 결혼식은 상트페테르부르크에서 올리고, 신혼살림은 이곳에서 시작하라."

장물 VS 수집품

세칭 '세계 3대 박물관'이란 어디일까?

파리의 루브르 박물관, 런던의 대영박물관, 이곳 에르미타시 박물관을 꼽는다. 루브르나 대영박물관은 제국주의 시대에 식민지나 약소국과의 전쟁을 통해 강탈해온 '장물贓物'들이 대부분이다. 이 점에서 에르미타시의 '컬렉션'과는 차별화된다.

에르미타시는 프랑스어 프랑스어 발음은 '에르미타주'로 '은둔자의 집'을 뜻하며, 어원은 고대 그리스어 에르미타시^{eremties}이다. 일명 겨울궁전^{冬宮}이라 불리는 이곳은 과거 황제가 정사를 보던 곳이었다. 미술에 조예가 깊었던 예카테리나 2세는 그간 수집한 소량의 미술 작품으로 1764년 개관했다. 그녀는 17세기부터 18세기 중엽까지 유럽에서 유행한 바로크 양식의 두 거장 렘브란트와 루벤스의 작품을 대거 수집했다.

당시는 황제 전용 미술관으로 '은둔자처럼 은밀하게' 황제와 귀족 등 특권계층만 감상했다. 일반 시민에게 공개한 것은 1852년부터였다. 시작은 작았지만, 현재 무려 300여만 점에 달하는 인류의 값진 예술품들을 모아놓고 전시하는 세계적 박물관으로 변모했다.

이 박물관을 관람하려면 계획을 잘 세워야 한다. 출국 전에 예약하는 것이 좋다. 짧은 여정으로는 현지에서 입장권 구하기가 힘들기 때문이다. 주옥같은 작품들이 400여 개의 큰 방에 나눠져 전시되고 있으니 그 '감상 동선' 또한 엄청난 거리이다. 그래서 보고 싶은 작품을 건물별, 층별, 열람실별 위치나 번호를 미리 숙지하여 신속히 이동하면 시간을 벌고 체력 소모도 줄일 수 있다.

팁 하나! 작품 앞에 사람이 많이 모여 있거나, 가이드가 일단의 무리를 이끌고 해설하고 있다면 눈여겨볼 것을 추천한다.

다빈치의 〈리타의 성모^{Madonna and Child}〉, 미켈란젤로의 〈웅크린 소년^{Crouching Boy}〉, 고갱의 〈과일을 들고 있는 여인^{Woman Holding a Fruit}〉, 마티스의 〈춤^{Dance}〉, 루벤스의 〈십자가에서 내림^{Descent from the Cross}〉, 렘브란트의 〈돌아온 탕자^{Return of Prodigal Son}〉와 〈다나에^{Danae}〉….

성서에서 모티브를 따온 렘브란트의 〈돌아온 탕자〉(1668년 作) 앞에서

네바강 너머로 본 에르미타서 박물관의 웅자. 1764년 예카테리나 2세의 명으로 건립되었으나,
일반에게 공개된 것은 100여 년이 지나서였다.

호화로운 박물관 내부. 이런 전시실이 작가별, 연대별로 400여 개가 있다.

특히 수난당한 〈다나에〉에 눈길이 오래 머물렀다. 제왕신 제우스가 사랑했다고 질투한 때문일까, 1985년 한 관람객이 황산을 뿌리고 여러 차례 칼질을 했다. 완전 폐기물 수준이었으니 미술관 당국자는 얼마나 애통했을까. 다행스럽게도 12년 동안 정교한 복원 작업을 마친 끝에 1997년부터 다시 관람객을 맞고 있다.

평소 책에서나 접하던 명작을 바로 눈앞에서 감상하니 감개무량했다. 동시에 인류의 위대한 유산을 지켜내고자 한 이들을 생각하니 마음이 숙연해졌다. 치열한 전쟁 중에도 목숨을 걸고 작품을 지켜낸 당시 박물관 직원들에게 마음에서 우러나오는 찬사를 보냈다.

러시아인의 예술사랑 정신

1941년 6월 22일 새벽 4시, 작전명 '바르바로사'가 발령되자 독일군은 러시아를 향해 진격을 시작했다. 330만 명의 대병력, 전차 3,600대, 야포 7,500대가 지축을 흔들고, 전투기와 폭격기 2,700대가 하늘을 뒤덮었다. 인류 역사상 최대 규모의 군대가 기동했다.

히틀러는 공격제대를 3개 집단군, 117개 사단으로 편성했다. 폰 베크 원수가 지휘하는 중앙 집단군은 51개 사단으로 모스크바로, 룬트슈테트 원수가 지휘하는 남부 집단군 40개 사단은 우크라이나를 거쳐 키예프로 진격했다. 빌헬름 레프 원수가 지휘하는 북부 집단군 26개 사단은 레닌그라드로 향했다.

갑작스레 당한 러시아는 급히 방어 전열을 가다듬었지만, 북부 집단군은 이미 레닌그라드 외곽에 포진하고 도시를 포위하기 시작했다.

도시 전체의 존망이 걸린 절체절명의 시간! 이런 급박한 상황에 시 당국은 '에르미타시의 소장품을 어떻게 지키느냐'에 총력을 기울였다.

박물관 직원들은 라파엘로, 다빈치, 렘브란트 등의 명화들과 스키타이 황금 유물, 그리스 조각품을 구분하여 피난 우선순서를 매겼다. 급히 도자기 공장의 포장 전문가들을 불러 포장 작업을 마쳤다. 그리고 22량의 화차에 싣고 우랄산맥 근처 작은 도시 스베틀로프스크에 안전하게 대피시켰다. 예술품 대피 작전은 기적이나 다름없었다.

나는 인류의 유산인 훌륭한 작품 앞에 감탄만 할 것이 아니라, 소장품들을 지키기 위해 박물관 직원들의 목숨을 건 처절한 노력을 되짚어보는 것도 의미 있는 시간이라 생각했다. 내 눈으로 직접 확인하기 위해 에르미타시를 나와 '레닌그라드 방위와 포위 박물관The State Memorial Museum of Defence & Siege of Leningrad'을 향해 페달을 밟았다.

'불의 심포니 공격'

네바 강변을 따라 20여 분 달리니 '여름정원' 부근에 있는 목적지가 나타났다.

러시아 박물관은 여타 유럽 박물관에 비해 특징이 있다. 사진 촬영이 가능하다. 조건은 입장할 때 '촬영권'을 구입해야 하고, 플래시를

레닌그라드 방위와 포위 박물관. 900일 포위 기간 동안의 참상과 투쟁 활동이 전시되어 있다.

터뜨리지 말아야 한다. 촬영권 가격은 보통 입장료의 절반 정도인데, 카메라 옆에 눈에 잘 띄게 부착시켜야 한다. 방위 박물관 입장료는 200루블에 사진 촬영료가 100루블이었다. 내부 전시물은 포위된 레닌그라드 시민은 물론 군과 경찰들이 남긴 처절한 생존의 흔적이었다.

여름에는 시 외곽에 있는 라도가 호수 밑으로 파이프라인을 설치했고, 겨울에는 결빙된 호수에 레일을 깔아 보급품을 수송했다. 도시를 구한다는 일념으로 빗발치는 독일 전투기의 기총소사를 감내해야만 했다. 그래서 붙은 길 이름이 두 개-'생명의 길'과 '죽음의 길'이었다.

이런 극한의 상황에서도 쇼스타코비치는 교향곡 제7번 〈레닌그라드 부제 : 죽은 자들의 도시를 위한 교향곡〉를 완성하여 봉쇄 355일째인 1942년 8월 9일 공연을 강행했다.

레닌그라드 심포니 오케스트라 단원 105명 중 연주를 할 수 있는 사람은 겨우 15명. 나머지는 굶어 죽었거나 폭격에 죽었거나 전선에 나가 있었다. 군 당국의 협조로 악기를 다룰 줄 아는 병사를 차출해 겨우 공연을 시작할 수 있었다. 탱크 운전병이 피아노, 고사포 사수가 바이올린을 연주하는 식이었다.

교향곡 〈레닌그라드〉 작곡자 쇼스타코비치

그러나 공연은 대성공, 감격과 환희의 도가니였다. 라디오로 생중계되었고, 공연 참석자 모두 눈물을 흘리며 결사항전의 의지를 불태웠다. 공연 시간에 맞춰 러시아 포병, 기갑 부대는 잔여 화력을 끌어모아 독일군을 향해 두 시간 반 동안 일제히 불을 뿜었다. 이것이 그 유명한 '불의 심포니 공격'이었다.

이 소식을 들은 서방 언론은 일제히 "이렇게 저력 있는 민족을 히틀러가 어떻게 이길 수 있겠는가. 그들은 버텨낼 것이다!"라고 격찬했다.

"지구상에서 레닌그라드의 흔적을 없애버려라!"

상트페테르부르크는 아직도 '고로드 게로이영웅 도시 레닌그라드'라 불린다. 당시 수십만 명이 굶어 죽어가면서도 끝내 항복하지 않았기 때문이다. 더 나아가 북부 집단군을 묶어놓는 대전과大戰果를 올렸다.

독일군은 왜 포위작전에 집착했을까?

히틀러는 이곳과 스탈린그라드^{지금의 볼고그라드}를 유난히 증오했다. 사회주의 창시자 레닌 그리고 스탈린, 그 이름을 앞세운 두 도시는 최우선 격파 대상이었다. 히틀러는 무시무시한 명령을 내린다. "굶주림으로 모든 시민들의 숨통을 끊고 지구상에서 레닌그라드의 흔적을 없애버려라!" 북부 집단군은 1941년 9월부터 1944년 1월까지 900여 일간 도시를 봉쇄했다.

레프 원수는 희생을 감수하며 도심 진격 대신 히틀러의 명을 받드는 포위작전을 선택했다. 그냥 포위만 한 것이 아니라 공중으로 11만 발, 육상으로 15만 발의 포탄을 퍼부으며 압박했다. 독일군은 식량 창고부터 잿더미로 만들었다. 그리고는 도시의 식량 수급 상황을 꿰뚫어보고 있었다.

시민들에게 포탄보다 더 무서운 것은 배고픔이었다. 그해 겨울 수많은 시민들이 굶주리기 시작했다. 통조림 한 통이 8캐럿 다이아몬드와 교환될 정도였다. 더 시간이 지나자 소, 말은 물론 개, 고양이, 새 등 도시의 모든 애완동물이 사라졌다. 쥐와 모든 곤충도 사라졌다. 혁대, 구두 등 가죽제품, 아교로 제작된 책, 나무껍질, 풀 등 닥치는 대로 모두 끓여먹었다. 땔감도 모두 없어졌다.

추위와 배고픔에 시민들은 드디어 인육을 먹기 시작했다. 군 당국은 식인 단속 특별기동대를 편성했다. 인육을 먹거나 거래하는 자는 총살형에 처했다. 1942년 2월 한 달에만 이런 혐의로 600여 명이 체포되어 처형되었다.

히틀러는 스탈린과는 달리 참모의 조언을 무시했다. 자신이 부사관 출신이라는 콤플렉스 때문인지도 모른다. 그의 곁에는 프러시아 시대부터 군벌 가문 출신인 유능한 참모 장군들이 많았다.

히틀러는 개인적 감정을 앞세워 병력을 분산시켰다. 첫째, 북부 집단군의 레닌그라드 포위작전이었다. 둘째, 병참선이 길어 불리한 중앙 집단군의 스탈린그라드 공략이었다. 이것이 패전의 주요인이었다.

끝장을 보고야 마는 성향

'물의 도시'라 불리는 상트페테르부르크는 운하가 거미줄처럼 얽혀 있다. 그중 잘 알려진 그리보예도바 운하 다리에서 자전거를 멈추고 시내 쪽을 보니 어디서 본 듯한 아름다운 건물이 눈에 들어온다. 내 입에서 자연스레 "그렇구나! 모스크바 붉은광장에서 본 성 바실리 성당, 동화 속 알록달록 양파 돔 건물이 여기도 있네." 그때의 감흥이 그대로 재현된 듯했다.

정식 이름은 그리스도 부활 성당Cathedral of the resurrection of Christ인데, 보통 '피의 구세주 성당Church of Our Savior on Spilled Blood'으로 불린다. 운하가 옆에 있어 성 바실리 성당보다 더 운치 있어 보인다.

그런데 성당 이름이 섬뜩하다. 황제 알렉산드르 2세가 폭탄 테러로 비참하게 숨진 바로 그 자리에 세워졌기 때문일까? 1883년 공사를 시작해 1907에 완공되었으니 얼마나 공을 들인 건물인지 알 수 있다. 그러나 1917년 사회주의 혁명과 2차 세계대전 때 큰 피해를 입었

'세상에서 가장 아름다운 성당'으로 회자되는 피의 구세주 성당. 붉은광장에 있는 성 바실리 성당을 모델로 1997년 재개관했다.

다. 1970년부터 1997년까지 무려 27년간 복원공사 끝에 지금의 모습으로 재탄생되었다.

낡은 봉건제도에 저항하여 황제 암살을 주도한 '5인 인민의 의지' 대원들은 형장의 이슬로 사라졌다. 하지만 새로운 세상을 바라는 민중의 욕구는 잉태되어 조금씩 자라고 있었다.

횡사한 아버지에 이어 권좌에 오른 알렉산드르 3세. 그는 민중의 요구를 수용하기는커녕 체제를 강화하는 조치로 서민층을 더 옥죄기 시작했다. 로마노프 왕조 몰락을 향해 가속 페달을 밟는 줄은 이때는 몰랐을 것이다.

자전거 백야기행

황제를 폭탄으로 날려버리는 러시아인들. 그들은 무엇이든 한번 마음을 먹으면 중간이 없고, 모든 것을 쏟아부어 막장까지 내려가야만 직성이 풀린다.

세계 역사에서 러시아는 가장 늦게 변했다. 그러나 일단 변화를 시작한 뒤엔 타협 없이 급가속 페달을 밟아 결국 세계사의 흐름을 바꾸어놓고야 말았다. 유럽에서 가장 오랫동안 버텨오던 봉건 차르 체제를 무너뜨린 레닌 사회주의 혁명이 그랬다.

또한 내 기억에도 뚜렷이 남아 있는 동서 냉전 체제. 얼마나 세계를 공포의 도가니로 몰아넣었나. 그러던 것이 고르바초프가 내세운 페레스트로이카Perestroika, 개혁과 개방 정책라는 이름으로 '어느 날 갑자기' 무너져 세계사에 큰 변화를 가져왔다. 이런 것을 한마디로 정의한 것이 '막시말리즘Maximalism, 최대요구주의'이다. 사회학적 관점에서 본 러시아인의 특질이다.

울림을 주는 명작의 고향

'피의 구세주 성당'을 뒤로하고 메트로 도스토옙스카야 역을 향해 페달을 돌리기 시작했다. 대문호 도스토옙스키F. M. Dostoevsky, 1821~1881 기념관을 찾아보기 위해서였다. 부근 작은 공터에 구부정한 어깨, 고뇌에 찬 표정을 짓는 그의 상이 서 있어 쉽게 찾았다.

상트페테르부르크는 '도스토옙스키의 도시'라 해도 과언이 아니다. 매년 탄생일에 축제가 열리면, 시내에선 작품 무대를 순례하는 관광객 행렬을 흔하게 볼 수 있다. 대표작 〈죄와 벌〉에 나오는 센나야 광장이나 S골목Stolyarnyi Lane 하숙집, K다리Kokushikin Bridge를 찾아다니며 시간을 거슬러올라가 작가와 동시대를 교감해 울림을 맛본다.

몇 년 전 아일랜드 수도 더블린을 찾았을 때의 기억이 떠올랐다. 패키지 여행 깃발부대처럼 한 무리의 여행객들이 책을 끼고 가이드를 졸졸 따라다니는 광경을 목격했다. 〈율리시즈Ulysses〉의 '워킹 투어' 그룹이었다.

제임스 조이스James Joyce 1882~1941가 쓴 이 소설은 '의식의 흐름' 기법을 따라 한 평범한 샐러리맨이 겪은 하루 동안의 내적 방황을 그린 작품이다. 대문호의 열혈 독자들은 소설에 나오는 장소마다 그 시간 그대로 답사해본다. 아마 위의 두 도시는 한 세기가 지나도 크게 변하지 않아 '시간여행'이 가능한데, 우리 서울은 반세기 만에 상전벽해가 되었으니 웃어야 할지 울어야 할지 모르겠다.

도스토옙스키, 그는 누구인가

러시아를 대표하는 작가 중 한 사람이다.

그가 쓴 작품은 20세기 세계 문학사에 큰 영향을 끼쳤다. 모스크바에서 의사의 아들로 태어났지만 경제적으로 어려운 유년시절을 보냈다. 16세에 이곳으로 와 장교가 되는 공병학교工兵學校에 입학했다.

여기서 부친의 부음을 듣고 실의에 빠졌다. 그러나 문학서적을 탐독하며 슬픔을 넘어섰다. 자신의 자질을 스스로 발견한 그는 군인과 엔지니어의 길을 버리고 일찌감치 문필가로 나섰다.

그는 자유분방한 사상의 소유자였다. 엘리트 그룹이 주도한 당시 사회 개혁 운동에 참여했다. 당국은 불온한 정치활동을 했다는 죄목으로 악명 높은 페트로파블롭스크 정치범

도스토옙스키. 인간의 본질과 심리, 선과 악에 대한 묘사가 뛰어났다.

수용소에 그를 투옥시켰다. 사형 집행 직전 황제가 내린 은사恩赦로 '임사체험처형 직전에 풀어주는 것. 이는 계산된 쇼였음'까지 경험하고 풀려난다. 그러나 또다시 시베리아에서 4년간 유형생활을 하는 등 고난의 연속이었다.

그가 만년에 글을 쓰던 방. 죽은 1월 28일 8시 38분에 시계는 멈춰 섰다.

알렉산드로 넵스키 수도원 묘원에서 만난 도스토옙스키. 이곳에 체호프, 차이콥스키, 보리스 옐친 전 대통령 등 저명인사들이 잠들어 있다.

이런 힘든 시간이 작가에게는 자양분이 되어 작품 속에 고스란히 녹아들었다. 그래서일까. 그의 작품 주제는 대부분 어둡고 음울하고 절망적이며, 막장까지 내려가고야 만다. 돈, 치정, 폭력, 살인 등을 흥미 있게 구성해 믿기지 않을 정도로 통속적이다. 동시에 돈에 휘둘리는 인간의 본성을 적나라하게 말해주는 '돈 철학'이기도 하다. 작품 대부분이 그러하니 대가답지 않게 돈에 탐닉했다고 말할 수밖에 없다. 어쨌든 그는 생활비는 물론 도박 자금 마련을 위해 쫓기듯 펜을 휘둘렀다. '돈의 결핍'은 창작의 원동력이었다.

기념관은 그가 살았던 반지하식 옹색한 건물이었다. 그런데 자전거 보관 장소는커녕 묶어둘 만한 곳도 마땅치 않아 난감했다. 기념관 출입자에게 작은 폐가 되지만, 계단 가드레일에 체인록chain lock을 걸어두고 입장할 수밖에 없었다.

안에 들어서니 그가 죽은 1월 28일, 시계는 오전 8시 38분에 멈춰 있다. 사람이 태어나는 모습은 거의 비슷하지만 죽는 유형은 천차만별이다. 한 인간의 평가는 어떻게 살아왔는지 숨을 거둘 때 판명난다.

기념관은 고증은 잘 되었지만 대문호의 기념관치고는 작고 초라했다. 공간이 인간 심리에 미치는 영향을 잘 묘사한 작가. 비좁은 공간에서 쪼들리며 살았고, 미완의 〈카라마조프의 형제들〉을 집필하면서 마지막 가쁜 숨을 몰아쉬며 죽어간 곳이기에 의미가 있었다.

그의 모든 것을 사랑한 여인

기념관의 모든 것에서 아내 안나의 숨결을 느낄 수 있었다.

도스토옙스키는 도박 중독자였다. 지금으로 말하자면 원정 도박꾼이었다. 독일 비스바덴에 있는 쿠어하우스Kurhaus에서 룰렛으로 재산을 탕진했다. 자신의 육필 속도로는 '돈' 조달이 어려웠다.

헌신적이었던 아내 안나 스니트키나

이때 구원의 한 여인이 나타났다. 그의 천재성에 매료된 25년 연하 문학소녀 안나 스니트키나. 도스토옙스키의 전속 속기사로 채용되었다. 도박 중독자에 간질 환자, 당시로서는 황혼기에 접어든 46세의 빚더미에 앉은 재혼남. 그러나 21세 아리따운 처녀는 그의 청혼을 받아들인다. 도박판에서는 돈을 잃었지만 인생 만년에서는 '잭팟'을 터뜨린 행운아였다.

신혼 초, 안나가 쓴 일기에 이런 구절이 있다.

"그가 나에게 매달려 울면서 몽땅 잃었다고 했을 때 나는 그를 나무라지 않았다. 다만 그의 비참한 몰골을 보는 것이 견딜 수 없이 괴로웠다. 나는 그를 껴안고 '울지 말아요' 하며 달랬지만 그는 '나 같은 놈은 당신의 남편이 될 자격이 없어' 하고는 울음을 멈추지 않았다."

안나는 그가 도박금을 달라고 하면 매번 순순히 주었다. 결혼 패물을 팔아서라도 주었다. 결코 끊으라고 닦달하지 않았다. 잃고 또 잃고… 갈 데까지 가보고 스스로 체념하도록 유도했다. 결국 이 방법은 성공을 거두었다.

러시아 시인 네크라소프는 이런 말을 했다.

"러시아 여성들의 위대한 힘은 추위와 굶주림보다 무능한 남편들을 참고 견뎌야만 하는 기구한 숙명 속에서 왔다."

기념관을 나오며 나 역시 그녀에게서 과거 한국 여인의 '인종의 종부상_{從夫像}'을 떠올렸다.

도스토예스키의 주옥같은 작품 〈백치〉, 〈도박꾼〉, 〈악령〉, 〈카라마조프가의 형제들〉 등은 안나에 의해 세상에 빛을 보게 되었다. 60세에 폐기종으로 숨을 거둘 때까지 안나는 아내로서, 독순술_{讀脣術}까지 동원한 속기사 비서로서, 출판업자로서 팔방미인의 역할을 했다. 또한 남편이 죽은 후에도 위대성을 찬양하고 홍보하는 데 헌신했다. '내조의 여왕', 안나는 남편의 모든 것을 사랑했다.

세계 8대 불가사의 건축물

예카테리나 궁전The Catherine Palace
을 찾았다.

궁전의 백미는 호박방Amber Room
인데 '세계 8대 불가사의 건축물'이
란 별칭이 붙어 있다. 오늘은 만사
제쳐놓고 얼마나 경이로운지 찾아
가보기로 했다. 또 인근에 아름다운
정원을 자랑하는 파블롭스크 궁전
역시 러시아 고전 건축의 걸작이라
니 더욱 구미가 당겼다.

여걸 예카테리나 2세. 남편을 제치고 황제
에 올라 많은 업적을 남겼다.

위치는 상트페테르부르크에서 남쪽으로 약 30km 떨어져 있다. 그
지역은 '차르스코예 셀로'라 불리는데 '황제마을'이란 뜻이다. 정식
명칭은 푸시킨 시⊕이다. 1937년 서거 100주년을 기념하여 그렇게 명
명되었다.

미리 그곳의 정보를 알아보니 자전거는 출입 금지. 대중 교통수단
을 이용해야만 했다. 메트로와 마을버스를 번갈아 타고 가서 입장 티
켓을 직접 구매해야만 했는데, 땡볕 아래 한두 시간 기다리는 것은
'보통'이라고 했다. 또 가이드를 앞세워 단체 입장만 가능하다고 했
다. 워낙 찾아오는 사람이 많아 단체 투어 형식만 입장할 수 있게 한
것이다. 운이 나쁘면 공치고 돌아와야 하고, 사 먹을 곳이 마땅치 않

예카테리나 궁전. 황실의 '여름궁전'이라고도 불린다.

으니 가벼운 간식거리는 챙기는 것이 좋다고 했다.

그래서 자전거는 민박집에 맡겨두고 배낭만 맨 가벼운 차림으로 숙소를 나섰다. 늘 자전거로만 다니다가 '두 다리'로 나오니 홀가분하지만 허전하기 이를 데 없다. 가끔은 떨어져봐야 '정'이 더 생기나보다.

예카테리나 궁전은 건물 길이만 300m에 달한다. 옅은 하늘색 외관에 화려한 바로크 양식의 대표적 건물이다. 상트페테르부르크에 있는 겨울궁전, 즉 에르미타시를 연상시킨다.

1717년 표트르 대제가 황후 예카테리나 1세의 여름 별장으로 짓기 시작하여 1756년 당대의 장인 라스트렐리에 의해 완성되었다. 그 후 예카테리나 2세 집권 시 증축을 하고 공원과 대형 분수를 만들어 현재에 이르렀다.

궁전 안으로 들어가기 위해서는 덧신을 신어야 했다. 대리석 바닥을 보호하기 위해서인데 여기서 또 체증, 방마다 먼저 들어간 관람객들이 다음 방으로 이동해야만 그만큼의 인원이 들어갈 수 있다. 에르미타시와 마찬가지로 이곳 역시 웬만한 인내심으로는 관람하기 힘들다.

2층으로 올라가니 널찍한 무도장이 나타난다. 벽면을 장식한 각종 인테리어는 화려함의 극치다. 소품이나 액자, 가구 등은 하나같이 고가 골동품들이다. 말로만 듣던 러시아 황제 및 귀족의 사치를 내 눈으로 확인했다. 왕조는 망해가는데 화려한 드레스에 금줄 제복을 입은 귀족들이 황제를 모시고 먹고 마시고 춤추던 광경을 떠올렸다. 솔직히 말해 씁쓸했다.

호박방 내부. 영롱한 호박을 정교하게 세공해 네 벽면을 장식했다.

과거 아테네에 갔을 때, 웅장한 파르테논 신전 앞에서도 '그 옛날 건설 장비가 없던 시기, 이 무거운 돌을 언덕으로 옮기느라 얼마나 많은 노예들이 죽었을까…' 하는 생각부터 했으니 말이다.

일본을 여행할 때도 그랬다. 도요토미 히데요시는 전국戰國을 평정하고 권좌에 올라 오사카 성을 쌓으면서 위세를 과시하기 위해 집무실 옆에 금박 다실을 만들었다. 봉건시대 군주의 권위는 동서양이 서로 약속이나 한 듯 호화의 극치로 상통했다는 생각을 지울 수 없었다.

자그마치 6톤짜리 보석!

이런저런 생각 중에 거의 떠밀리다시피 어느 방에 들어갔다. 다들 놀란 눈으로 어디에 시선을 둘지 몰라 어리둥절한 표정들이다. 그 유명한 '호박방'에 들어온 것이다. 수많은 사람이 이 '세계 8대 불가사의'를 보러 이 궁전에 왔다고 해도 과언이 아니다. 100m² 정도의 공간에 천장을 제외한 사면의 벽에 아름다운 호박 장식물로 '도배'를 해놓았다. 그 비싼 호박 무게만도 6,000kg!

호박방의 유래는 18세기 초 표트르 대제 시절까지 거슬러올라간다. 서유럽의 발전된 문물에 심취했던 표트르가 독일^{당시는 프로이센}의 빌헬름 1세를 방문했다. 그때 궁전에 있던 호박으로 장식된 방을 보게 된다. 호박의 아름다움에 푹 빠진 표트르는 '나도 이런 방을 갖고 싶다'는 생각을 품는다. 사실 호박의 주산지는 러시아 및 발틱 연안국들이다.

하지만 그는 재력이나 가공기술이 없었다. 마침 빌헬름 1세가 러시아 의장대에 매료돼 있다는 사실을 알고는 자연스레 호박방에 대한 관심과 호감을 흘렸다. 이를 알아차린 빌헬름 1세는 1716년 호박방을 통째로 뜯어 표트르에게 선물했다. 감사 답례로 표트르는 멋진 근위병 55명을 파견, 빌헬름 1세 휘하의 의장대 임무를 맡겼다.

이렇게 호박방은 양국 친선의 가교 역할을 톡톡히 했다. 이후 예카테리나 집권 시기인 1755년, 상트페테르부르크 '겨울궁전'에 있던 것을 이곳으로 옮겼다.

미궁에 빠진 '오리지널'

세월이 흐른 1941년 6월, 상트페테르부르크^{당시는 레닌그라드}를 향해 독일군이 밀려오자 다급해진 문화재 당국자는 모든 미술관, 박물관에 있는 회화나 골동품들을 피난시켰다.

하지만 문제는 이 호박방이었다. 조각된 호박이 패널채로 벽에 밀착, 짧은 시간에 떼어낼 재간이 없어 발만 구른 채 떠나고 말았다. 푸시킨 시를 점령한 독일군 기술자들은 곧바로 예카테리나 궁에 들어가 36시간 만에 호박방을 해체, 쾨니히스베르크 성Königsberg. 지금은 러시아 영토인 칼리닌그라드 박물관에 옮겨놓았다.

러시아는 전쟁이 끝나자마자 이를 회수하려 했으나 행방이 묘연했다. 여기에 대해선 설이 분분했다. 정설은 1945년 연합군 대공습으로 파괴되었다는 것이다.

그런데 반전! 과거 동독 지역에서 호박방의 일부로 추정되는 조각이 발견되었다. '폭격설'이 힘을 잃자 어딘가 본체가 있을 것이라는 소문이 증폭되기 시작했다. 하지만 현재까지 '찾았다'는 소식은 없다. 아직도 대박을 노리며 이를 추적하는 사냥꾼들이 있다. 관련 서적까지 출간되어 사라진 호박방에 대한 세인의 호기심은 지금까지 계속되고 있다.

"용서는 하자, 그러나 잊지는 말자!"

러시아는 더 이상 기다릴 수 없었다. 1979년 호박방 복원을 결정, 거금을 들여 공사에 착수했다. 상트페테르부르크 정도定都 300주년이 되는 2003년 완공 테이프를 끊었다. 자취를 감춘 지 62년 만이다.

'예술광장'. 푸시킨 동상 뒤로 보이는 건물이 러시아 박물관이다.

푸틴 대통령은 이날 세계 47개국 정상들을 예카테리나 궁전으로 초청했다. 그는 강대했던 과거의 영광을 재현하길 바랐다. 개인적으로는 300년 만에 '또 다른 표트르 대제'가 출현했다고 러시아를 비롯해 전 세계에 알리고 싶었을 것이다.

이날 행사의 하이라이트! 당시 독일 총리 슈뢰더와 단둘이서 호박 방 문을 열고 사이 좋게 첫발을 들여놓았다. 전쟁을 일으키고 약탈은 해갔지만 그것은 이미 지나간 과거라는 관용의 의미였다.

나는 여기서 마음이 어두워졌다. 우리의 숙명적 이웃, 일본과의 급격히 소원해진 관계가 떠올랐기 때문이다. 진정한 복수는 지일知日이다. '알기' 위해서는 다가가야 한다. "친구는 가까이, 적은 더 가까이"란 말도 있지 않은가! 몇 년 전 돌아본 폴란드 아우슈비츠 강제수용소 정문에 쓰인 글귀가 불현듯 떠올랐다.

"Let's forgive, but Let's not forget."

가려진 보석, 러시아 박물관

이른 아침부터 서둘러 자전거에 행장을 꾸렸다. 상트페테르부르크에서 '예술 1번지'라 불리는 예술광장Plohchad Iskusstv을 가기 위해서였다. 넵스키 대로에서 가까워 찾기는 용이했다.

광장에 들어서니 우선 19세기 초에 건축된 신고전주의 양식의 2층 짜리 단아한 궁전이 눈에 들어왔다. 옅은 노란색 외부에 코린트식 원주 기둥이 초록색 정원과 대비를 이룬다. 알렉산드로 3세의 유지를 받들어 1898년 니콜라이 2세 때 '러시아 박물관'으로 일반에 공개되었다. 그래서 정식 명칭은 '알렉산드로 3세 러시아 박물관'이다.

광장 중앙에 푸시킨 동상이 서 있고 벤치마다 시민, 관광객들이 앉아 담소를 즐기고 있다. 이 일대에 러시아 박물관Rusian Museum을 비롯, 상트페테르부르크 필하모니 오케스트라, 미하일롭스키 극장 등이 모여 있다. 미술, 음악, 발레를 '원스톱'으로 감상할 수 있는 곳이다.

흔히들 러시아 박물관을 '가려진 보석'이라고 한다. 세계적 박물관 에르미타시의 명성에 눌려 잘 알려지지 않았다는 말인데, 실상은 그렇지 않다. 러시아 박물관은 모스크바에 있는 트레티야코프 미술관과 함께 '러시아 미술의 보고'다. 20세기 러시아 미술의 3대 거장 말레비치, 칸딘스키, 샤갈의 작품을 많이 만날 수 있기 때문이다.

세계사의 흐름을 바꾼 그림 한 폭

내가 간 날은 관람객이 적어 입장이 용이했다.

시간이나 입장권 등의 문제로 에르미타시를 놓쳤다고 애석해할 필요 없다. 물론 건물 크기나 소장품 숫자300만 점는 크게 미치지 못하지만 '짭짤한' 러시아 작가의 작품들이 많아40만 점 소장 둘러볼 만한 충분

아! 이 그림… 오매불망 그리던 레핀의 〈볼가강의 배 끄는 인부들〉 앞에서

한 가치가 있다. 차분하게 평소 보고 싶었던 러시아 미술을 만끽할 수 있는 최고 장소였다.

〈볼가강의 배 끄는 인부들The Barge Haulers on the Volga〉 앞에서 발길을 멈추었다. 일리야 레핀이 1870년에 그린 그림으로, 러시아 박물관의 아이콘 격인 작품이다.

어기여차 줄 당겨라, 어기여차 배 끌어라
자작나무 숲속을 헤쳐 간다.
어기여차 배 끌어라, 어머니 품속같이
다정스런 볼가강에서 배 끌어라~

러시아인들은 볼가강을 '어머니의 강'이라 부른다. 나는 지금까지 낭만적 전통 민요로만 알고 들었던 〈볼가강의 뱃노래〉가 어려운 사람들의 노동요, '고통의 외침'이라는 사실을 여기서 알았다.

러시아는 과거 두 계층만 존재했다. 호화롭게 사는 귀족과 노동자·농민인 하층 계급. 중산층은 존재하지 않았다. 작품은 고단한 삶을 이어가는 빈민층의 표정과 자태를 리얼하게 화폭에 담아냈다. 혹자는 이 한 폭의 그림이 러시아 역사를 바꾼 "사회 변혁의 씨앗을 잉태시켰다"고 말했다.

레핀 역시 '스케치 노트'에 당시 상황을 이렇게 쓰고 있다.

"세상에! 누더기를 걸친 사람들의 가슴팍은 밧줄에 쏠려 온통 피멍이 들어 있고, 뜨거운 햇빛에 그대로 노출되어 있다. 얼굴은 땀에 젖어 번들거리고, 셔츠는 때에 절어 시커멓다. 짐승 같은 사람들이 점점 가까이 다가오고 있다. 아… 그러나 이보다 더 좋은 그림 소재가 또 어디 있을까!"

왕조 몰락을 재촉한 '요승' 출현

사직社稷이 망할 때는 여러 징조가 나타난다.

경제가 파탄 나면서 민심이 등을 돌리고, 신하들 사이에 권력 암투가 벌어지며, 충신이 군주 곁을 떠난다. 어리석은 군주는 이 지경에도 국사를 간신들에게 맡긴 채 부질없는 일에 빠져든다.

제정러시아 시대, 최고 통치자 황제를 러시아어로 차르Tsar라 불렀다. 이 말은 과거 로마 황제 카이사르 Caesar에서 유래되었다. 로마노프 왕조의 마지막 차르 니콜라이 2세는 명목상 차르에 불과했다.

무능하고 심약했던 그 뒤에는 '실력자' 황후 알렉산드라가 있었다. 이들은 슬하에 네 딸과 외아들을 두었다. 불행히도 외아들 알렉세이가 혈우병으로 고통을 받고 있었다. 선천적 혈액 응고 인

라스푸틴. 눈빛이 예사롭지 않다.

자 결핍으로 소아기에 대부분 사망하는 무서운 병이다. 장차 황제가 될 자식, 부모는 백방으로 손을 써보았지만 허사였다.

이때 '구세주'가 나타났다. 이름은 라스푸틴Grigori Rasputin, 1869~1916. 그의 이름 앞에 세칭 '요승'이라는 수식어가 붙는다.

라스푸틴은 시베리아에서 한 농부의 아들로 태어나, 학업을 그만둔 18살 때부터 떠돌이 수도사 생활을 하다 드디어 상트페테르부르크에 나타났다. 그는 스스로 예언자, 심령술사라 칭하며 신통력이 있다고 사술邪術을 부렸다. 어리숙한 상류층 부인들에게 "나와 육체관계를 통해 속죄하라"며 농락을 일삼았다.

화술이나 용모가 뛰어났거나 '물건'이 출중했는지, 혹은 모두 갖추었는지는 알 수 없다. 좌우간 장안에 자극적인 소문이 파다했다. 나는 이 대목에서 고려 말기 공민왕 때의 요승 신돈을 떠올렸다.

라스푸틴은 우연한 기회에 알렉산드라의 요청으로 황궁에 들어가

알렉세이의 병을 기도 요법으로 치료, 효험을 보았다. 이에 감동한 황제 부부는 '신이 보낸 성자'라며 관직을 하사하는 등 극진히 대접했다. 신경쇠약에 시달리던 알렉산드라 황후는 라스푸틴의 '예언' 없이는 하루도 견디지 못하는 지경에까지 이르렀다.

라스푸틴의 위세는 점차 하늘에 오르기 시작했다. 이때까지만 해도 황후의 신망을 한몸에 받았을 뿐, 정치에는 관여하지 않았다.

1915년 제1차 세계대전이 발발했다. 어리석게도 황제가 몸소 총사령관이 되어 그해 4월 상트페테르부르크를 떠나 전선에 출정, 지휘봉을 잡았다. 이때부터 '실세' 라스푸틴의 세상이 온 것이다.

황후를 조종해 주요 부처 장관들을 자기 입맛에 맞게 수시로 바꾸는 등 국정을 좌지우지했다. 어찌나 밤낮으로 자주 궁을 드나들었던지 '황후와 동침했다'는 소문이 돌았다. 이는 러시아가 그의 손아귀에 들어갔음을 의미했다.

최후 순간까지 미스터리

이제 러시아의 일반 국민들은 물론, 황제 측근 귀족들마저 황제 부부에게 등을 돌리고 말았다. 이들은 민란의 조짐을 감지했다. 이에 총대를 메고 라스푸틴을 제거키로 한 사람이 유스포프Felix Yusupov 공작이었다. 그는 대부호로 황제 조카인 이리나 공주의 남편이었다.

1916년 12월 16일, 이리나 공주의 이름으로 라스푸틴을 자신의 거

처인 유스포프 궁전으로 초대한다. 평소 라스
푸틴이 미모인 이리나에게 흑심을 품고 있다는
사실을 이용한 미인계였다.

유스포프 공작이 직접 라스푸틴을 모시고 왔
다. 공주는 어디에 있느냐고 묻자 음식을 준비
하고 있으니 곧 온다며, 청산가리를 탄 포도주
를 계속 권했다. 그런데 치사량이 훨씬 넘었는
데도 라스푸틴은 죽지 않았고, 오히려 기타를
잘 치는 유스포프에게 '집시의 노래'를 신청하
기도 했다.

참다 못한 유스포프가 권총을 발사하자 2층
에서 대기하고 있던 공모자 푸리슈케비치, 파
블로비치 등이 내려와 세 발의 총탄을 더 발사

로마노프 왕조의 마지막
황제 니콜라이 2세. 볼셰
비키 혁명군에 의해 비참
한 죽음을 맞았다.

했다. 도합 4발. 그러고도 모자라 금속 지팡이로 머리를 수차례 내리
치고, 밧줄로 사지를 꽁꽁 묶어 모이카 운하 얼음을 깨고 던져버렸다.

사흘 뒤 라스푸틴의 사체가 떠올랐다. 밧줄은 풀려 있었고 폐에는
물이 가득 차 있었다. 사인死因은 독극물도, 총상도 아닌 익사였다. 그
의 죽음은 아직도 미스터리로 남아 있고, 30cm가 넘었다는 그의 '대
물'은 현재 상트페테르부르크 자연사박물관의 포르말린 유리병에 보
관, 관람객의 호기심을 자극하고 있다.

신의 가호로 살아남았다?

몇 달 후인 1917년 3월, 로마노프 왕조는 분노한 민중 봉기로 무너졌다. 혁명 중심세력 볼셰비키는 황제 부부는 물론 4녀 1남의 자녀까지 처형하고 시신들을 불태워 폐광 갱도에 버렸다. 1918년 7월 17일 밤, 우랄 지방의 예카테린부르크에서 있었던 일이다. 나이 50에 비참한 죽음을 맞은 니콜라이 2세와 일가족. 권력과 권세와 부의 상징, 러시아 차르…. 한 조각 뜬구름 같은 인간의 영화榮華가 덧없다.

이 생각 저 생각 하며 자전거는 예술광장을 나와 넵스키 대로를 따라 달린다. 표트르 대제의 청동기마상이 나오고 잘 가꾸어진 공원을 가로지르니 거대한 성당이 눈앞에 나타난다. 러시아 최대 정교회 건물인 '성 이삭 대성당'이다.

성 이삭은 구약 창세기에 나오는 아브라함의 아들 이삭이 아니라 러시아 정교회의 성인이다. 40년 공들여 세운 건물은 고전주의 양식과 비잔틴 양식이 조화를 이루고 있다. 도시의 랜드마크 격인 웅장한 건물로 높이 102m, 폭 98m, 길이 112m이다. 48개의 코린트식 열주列柱는 한 개의 높이가 17m, 무게는 114톤에 이른다.

과거 이곳은 늪지대였다. 2만여 개의 기초 나무 파일을 박고 그 위에 화강암을 까는 데만 5년이 걸렸다. 수분을 머금은 연약지반에 초대형 석조건물 공사 설계를 누가 했는지, 토목공학을 전공한 나로서도 경탄스러웠다.

성 이삭 대성당. 이탈리아의 바티칸 대성당과 견줄 만하다.

옛사람들은 원가에 영향을 주는 공사 기간 개념이 거의 없었다. 군주의 '국책사업'이니 시간이 많이 걸리더라도 원칙에 충실할 뿐, 손익은 고려치 않았기 때문이다.

러시아는 프랑스 건축가 몽폐랑August de Montferrand에게 건축을 의뢰했다. 몽폐랑은 삶의 후반부 40년을 이 건물을 완성하는 데 쏟아부었다. 1858년 성당이 완공되고 몇 개월 지나지 않아 몽폐랑은 죽음을 맞이했다. 임종 직전 그는 이 건물에 묻히기를 원했지만 정교회 신자가 아니라는 이유로 받아들여지지 않았다. 결국 파리로 운구되어 몽마르트르 공동묘지에 묻혔다.

황혼 무렵, 돔에 반사된 황금빛은 가히 장관이다. 꼭대기 돔은 직경이 무려 25.8m이다. 여기에 100kg이 넘는 황금 피막을 입혔으니 도심 어디에서나 잘 보였다.

상트페테르부르크의 백야 풍경. 시계는 밤 11시 7분을 가리키고 있다.

신심이 하늘에 통했을까… 2차 세계대전 때 독일군 공습 목표를 피하기 위해 칙칙한 회색을 덧칠했으나, 이것만으로 참화를 모면한 것이 아니라는 생각이 스쳐 지나갔다.

빛들이 잠들지 못하는 백야

상트페테르부르크는 볼 것도 많고 갈 곳도 많은 도시다.

점심을 '행동식'으로 해결하고 페달을 저어도 하루 해가 짧았다. 그런데 뜻밖의 도우미가 소리 없이 다가왔다. 다름 아닌 밤과 낮의 구분을 몽환적으로 만드는 자연의 조화, 바로 백야白夜, white night였다.

해가 뜨면 낮이 되고, 해가 지면 밤이 되는 것은 당연한 이치. 지금까지는 그랬다. 하지만 여기서는 밤인데도 해가 지지 않고 계속 떠 있다. 반대로 낮인데도 해가 뜨지 않아 계속 어두운 현상을 극야極夜, polar night라고 한다. 우리나라가 여름일 때에 북극은 백야이고, 남극은 극야가 된다. 우리가 겨울일 때에 북극은 극야, 남극은 백야이다. 이와 같은 현상이 나타나는 까닭은 지구 자전축이 23.5도 기울어져 있기 때문이다.

밤이란 무엇인가? 태양이 사라져야 비로소 시작된다. 대부분의 사람은 일과를 마무리하고, 가족과 저녁식사를 하거나 친구들과 술잔을 기울이며 이야기를 나눌 시간이다. 이성은 서서히 잠들고 감성이 기지개를 켠다.

우정과 사랑, 고독이 찾아오고, 예술 에너지가 충만한 시간이다. 그런 다음 피로에 지친 육신을 침대에 누이고 꿈길을 걷는 것이 우리가 밤을 지내는 보편적 방식이다. 여기서는 저녁 9시가 넘었지만, 라이트를 안 켜도 라이딩하는 데 지장이 없었다. 활동 에너지도 아직 남아 있다는 의미와 상통한다.

저녁을 먹고도 맘 편히 거리를 돌아다녔다. 천진하던 어린 시절 생각이 떠올랐다. 늦게까지 놀고 싶어 '밤에도 환했으면' 했던 기억. 시간은 자정을 향해 가는데 북방 하늘에 어둠은커녕 산란되어 부서진 빛이 푸르스름하게 하늘을 뒤덮어 모든 것을 창백하게 만든다.

이 지역 사람들의 생활은 어떨까. 오랜 세월, 생체 리듬이 변했을 텐데도 숙면에 어려움을 겪는다고 한다. 관념 속의 이해와 실제로 겪어보는 것은 천양지차다. "참, 세상이 이럴 수가 있나! 내가 알고 겪은 것은 세상의 일부에 불과하구나"라고 할 정도였다.

1896년, 황제 니콜라이 2세 대관식에 왔던 조선사절단의 눈에 비친 이 현상이 어떠했을까? 정사正使 민영환을 수행했던 윤치호는 그해 6월 8일자 일기영문에 이렇게 쓰고 있다.

"어제 아침 8시 30분 모스크바를 출발해 페테르부르크에 도착하니 새벽 0시 45분이다. 그런데 날이 저물 기색이 전혀 없다. 책을 읽을 수 있을 만큼 황혼이 남아 있다. 백야는 내게 괴이한 경험으로 다가왔다."

대한제국의 마지막 외교관

조선사절단은 당시 왜 이곳에 왔을까?

청일전쟁의 승리로 기세가 바싹 오른 일본은 야밤에 민비를 살해하는 전대미문의 만행, 을미사변을 일으켰다. 고종은 두려웠을 것이다. 자기라고 신변이 안전하리라는 보장이 없었다. 이제 믿을 곳은 '러시아뿐이다'라고 판단한 고종은 급기야 1896년 2월, 러시아 공관으로 피신아관파천하고 만다. 자신의 안전을 위해 왕으로서의 위엄과 권위, 체통 따위는 안중에도 없었다.

대관식 사절단 파견은 러시아 황제의 환심을 사기 위해서였다. 황제를 알현하는 자리에서 민영환은 고종의 친서를 전달했다. 내용인즉, 고종 자신을 보호해줄 군사고문단 파견과 두 나라 간 통신선 연결, 300만 엔 상당의 차관 요청 등이었다. 일본도 총리대신을 지낸 야마가타 아리토모山縣有朋라는 당시 정계의 거물을 이곳에 파견했다. 치열한 외교 전쟁이 벌어졌던 곳, 상트페테르부르크는 저물어가는 조선 왕조의 비극적 흔적이 남아 있는 역사의 현장이다.

주택가인 페스첼라 가街 5번지를 찾았다. 후손들에게 해줄 역사적 증언이 있어서일까, 그곳엔 약 120년 전 대한제국 공사관 건물이 그대로 남아 있다. 5층짜리 건물 벽면에는 "1901년부터 1905년까지 이범진 러시아 주재 대한제국 초대 공사가 집무하셨습니다"라고 한글과 노어로 음각된 가로 1m, 세로 80cm 석조 표지판이 부착되어 있다.

자전거 백야기행

구한말 러시아 공사관 터. 이범진 공사 집무실이 있었다고 표지석은 증언한다.

나는, 누군가 이 건물을 매입하여 네덜란드 헤이그에 있는 '이준 평화기념관'처럼 항일기념관이 될 것을 꿈꾼다. 그러면 예카테리나 궁전의 '호박방'처럼 많은 한국인 여행자들이 방문할 것이고, 단순히 과거만 보여주는 것이 아니라 미래로 안내하는 나침반이 될 것이다. 이국땅에서 고국을 그리다 쓸쓸히 숨져간 한 외교관을 기억하면서.

"오늘 목숨을 끊으려 합니다"

상트페테르부르크 교외 한 저택에서 총성 세 발이 울렸다. 1911년 1월 26일, 흰색 두루마기 차림의 50대 후반 동양인이 목을 맨 채 고통의 시간을 줄이기 위해 권총을 발사한 것이다. 그러나 총알은 모두 허공을 가르고 말았다. 그 동양인이란 경술국치에 목숨을 던져 항거한 대한제국의 러시아 공사 이범진李範晉이었다.

이범진 전 주러시아 공사와 헤이그
특사의 한 사람이었던 아들 이위종

1896년, 전권 공사로서 그의 첫 부임지는 워싱턴이었다. 이후 세상을 뜰 때까지 15년 동안 한 번도 고국 땅을 밟지 못했다. 무능하고 국제 정세에 어두웠던 주군을 위해 미국, 유럽, 러시아 등지에서 국권회복을 위해 부단한 외교활동을 펼쳤기 때문이다.

1910년 8월 경술국치, 이제 이범진에게는 살아갈 한 줄기 희망이 사라졌다. 상트페테르부르크 어느 언론과의 인터뷰에서 그는 자신의 운명을 암시하듯 이런 말을 했다.

"한국인의 불운이야 실로 가련하다. 그렇지만 나는 우리 권리를 회복할 기회가 도래하기를 기대한다. 일본인은 나의 육체를 망하게 할 순 있겠지만 정신은 영원히 멸할 수 없다."

군건히 버티던 그도 경술국치 5개월 후 허물어지고 만다. 자신이 관리하던 거금 15,000루블을 각국에 흩어진 독립단체에 기부하는 등 신변 정리를 시작했다.

'헤이그 밀사'에 참여한 바 있던 둘째아들 이위종이 급보를 받고 부친의 처소를 찾았을 땐 육신은 이미 싸늘하게 식어 있었다. 침상 아래에서 고종황제, 러시아 황제, 서울에 있는 큰아들 이기종 등에게 보낸 세 통의 유서가 발견되었다. 고종에게 남긴 유서는 짧막했다.

"대한제국 덕수궁 황제 폐하께
우리 대한제국은 망했습니다. 폐하는 모든 권력을 잃었습니다. 신은 적들을 토벌할 수도, 복수할 수도 없는 깊은 절망에 빠졌습니다. 자결 외에 할 수 있는 일이 없어 오늘 목숨을 끊으려 합니다."

그가 마지막 앉았던 자리

삶이 그대를 속일지라도 슬퍼하거나 노여워하지 말라
슬픈 날을 참고 견디면 기쁜 날이 오리니
마음은 미래에 살고 현재는 늘 슬픈 것
모든 것은 순간에 지나가고, 지나간 것은 다시 그리워지나니
    -〈삶〉, 푸시킨

우리나라에서 사랑받는 외국 시인
은 누구일까? 〈삶〉이라는 시로 잘 알려
진 러시아의 영혼, 알렉산드르 푸시킨
Aleksandr Sergeevich Pushkin, 1799~1837이 다섯
손가락 안에 낄 것 같다. 이 시인은 나
에겐 오래전 돌아가신 아버지를 떠올
리게 하는 남다른 존재다.

비운의 천재시인 푸시킨 초상

오늘 내가 찾아간 곳은 유명 박물관도, 휘황찬란한 왕궁도 아닌 작
은 카페였다. 차를 마시거나 식사를 할 수 있는 그저 평범한 '리테라
뚜르노예 카페Literature Cafe'인데, 러시아 문학을 전공했던 아버지가 생

전에 그토록 가보고 싶어 했던 곳이다.

1816년에 문을 열었으니 오랜 역사를 자랑한다. 수많은 시와 장편소설 〈대위의 딸〉, 운문소설 〈예브게니 오네긴〉의 푸시킨을 비롯, 당대 문인의 사랑방 같은 역할을 했다. 1층은 대기실이고 메인 카페는 2층에 있다.

문을 열고 들어서니 푸시킨이 생애 마지막으로 앉았던 창가 4인용 '바로 그 자리'가 비어 있었다. 돌아가신 아버지의 음덕인가…. 가슴이 뭉클해졌다.

누군가 방금 식사를 끝낸 듯 웨이터가 그릇을 치우려 하고 있었다. 누가 볼세라 정말 '눈썹이 휘날리게' 달려가 그 자리에 앉고는 웨이터에게 얼마간의 팁을 건넸다. 그러자 웨이터는 빠른 손놀림으로 그릇을 치워주었고, 기념사진도 여러 각도에서 잡아주었다.

뒤이어 많은 사람들이 들어와 내 자리를 호시탐탐 노리듯 계속 흘겨보며 줄을 섰지만, 나는 개의치 않고 시간이 많이 걸리는 제일 비싼 '코스요리'를 시켜 50여 년 만에 찾아온 행운의 시간을 만끽했다.

'아버지, 당신이 그토록 오고 싶어 했던 그 자리에 제가 왔습니다!'

먹먹함이 가슴을 타고 흘러내렸다. 오랜 숙제를 푼 듯, 홀가분함과 그리움이 동시에 밀려왔다. 자전거 세계여행을 시작한 이래 가장 가슴 뿌듯한 감동의 시간이었다.

아모르 파티Amor Fati

초등학교 6학년 때였다.

5월의 어느 날 오후, 학교에서
돌아오니 낯선 사람 두 명이 서 있
었고 어머니가 주저앉아 울고 계
셨다. 가슴에 휑하니 서늘한 바람
이 지나가는 느낌을 나는 그때 처
음 경험했다.

낯선 사람이란 비보를 전하러 온
미국 대사관 직원이었다. 청천벽력
이었다. 한국외국어대학교 러시아

나의 아버지. 한국외국어대학교 재직 시.

문학과 교수로 계시다가 2년 전, 미국 하버드대학에 교환교수로 가
신 아버지가 미국에서 세상을 떠난 것이었다. 그때 그의 나이 겨우
서른여섯….

유년시절, 아버지가 사무치게 그리울 때가 있었다. 그럴 땐 아버지
가 미국에서 보내준 편지를 펼쳐보곤 했다. 이 구절을 나는 아직도 잊
을 수 없다.

"방학이 되면 미국 학생들은 교수들과 함께 러시아로 연수를 떠나
지. 모스크바로, 레닌그라드로. 하지만 내 여권으로는 갈 수가 없으니
하루에 두 번씩 와이드너Widner 도서관에 가 푸시킨의 책을 읽는다. 정
말 쓸쓸하구나. 너라도 옆에 있다면 얼마나 좋을까….'

아버지와 함께 찍은 사진을 들여다보는 것은 슬픈 일이었다. 그 시절로 돌아갈 수 없는 아픔, 그래도 사진은 과거로 들어갈 수 있는 실낱같은 희망의 통로, 무릉도원으로 들어가는 입장권. 그러니 그것은 이미 날짜 지난 휴지조각이었다.

세월 속에는 망각이 있다. 이것은 신이 준 선물이다. 환희도, 비탄도 시간이 가면 다 사라지기 마련이다. 나는 어렸을 적부터 죽는 것은 두렵지 않다고 생각했다. 다만 진정으로 멋지게 살아보지 않고 죽어야 하는 운명이 두려울 뿐이었다.

어린 나이에 겪은 육친의 짧은 삶은 언젠가 나에게 닥칠 그날에 회

푸시킨이 마지막 앉았던 창가 자리. 오른편에 아내 곤차로바 모형이 놓여 있다.

자전거 백야기행

한이 있어서는 안 되겠다는 사생관死生觀을 심어주었다. 그것은 내일 내 앞에 어떤 일이 닥칠지 모른다는 것, 삶과 죽음은 아주 가까이 있다는 것, 죽을 때 후회하지 않기 위해 최선의 삶을 살아야 한다는 것이다. 돌아보면, 잘 다니던 직장을 그만두고 오십 줄에 자전거 여행가의 길을 선택한 것도 아버지의 영향이 컸다.

짧은 삶을 살다 간 독일의 낭만시인 노발리스Novalis, 1772~1801는 이렇게 말했다.

"운명이란 이미 자신의 마음속에 내포되어 있다. 내면으로부터 원하지 않았던 것은 아무것도 외부 영향을 받지 않는다. 누구라도 마음 깊은 곳에서 들려오는 소리에 귀 기울이고, 자신의 운명을 자신이 개척하며 살아가야 한다."

결투

1837년 1월 27일 오후, 푸시킨은 '리테라뚜르노예 카페'에 찾아들었다. 운하가 내려다보이는 바로 이 창가 자리에 앉아 지나온 삶을 돌아보며 비장한 결심을 한다. 평소 자주 들렀던 곳이지만, 오늘은 여느 때와는 다른 표정이었다. 비감 어린 모습으로 세컨드second, 결투 입회인를 기다리며 한 잔의 크렌베리 주스를 주문했다.

14세 연하 아내를 둘러싼 추문에 분노의 치를 떨며 명예회복을 다짐했다. 당시 결투는 합법적인 것은 아니었지만, 상류층들의 명예를

결투 당시 두 사람이 사용한 총. 하단 우측의 모형이 단테스 흉상이다.

지키는 수단이었다. 그에게는 목숨보다 명예가 더 소중했다.

그는 자유분방했던 아내 나탈리아 곤차로바에게 치근대던 황실 근위장교 프랑스인 단테스와의 결투를 위해 카페 문을 나선다. 세컨드와 함께 마차를 타고 카페에서 20km 정도 떨어진 결투 장소로 갔다.

결투는 이렇게 진행된다.

결투 장소에서 세컨드는 제비뽑기를 하게 해, 누가 먼저 총을 쏠 것인가를 결정한다. 두 사람이 동시에 총을 뽑아 쏘는 것은 미국 서부영화에서나 볼 수 있는 대결이다. 누가 먼저 쏠지가 결정되면, 세컨드는 총알이 한 발씩 장전된 총을 두 사람에게 나누어준다. 그리고 뒤로 열 걸음씩 걸은 후 서로 마주서게 한다. 먼저 쏘는 사람의 총에 상대가 맞아 죽으면 당연히 결투는 끝난다.

하지만 총을 맞고도 기력이 있다면 그는 쏠 기회를 갖게 된다. 먼저 총을 쏜 사람이 상대를 맞추지 못했다면 결투에 진 것으로 판정되고, 기회는 상대에게 넘어간다. 상대는 쏘지 않을 권리가 있는데, 이 경우 그가 승자가 된다.

자전거 백야기행

사격에 능한 직업군인과 펜대만 굴리던 문인과의 총싸움, 제비뽑기도 운이 따르지 않았으니 결과는 뻔했다. 푸시킨은 복부에 총상을 입고 이틀 후 숨을 거두고 만다. 그때 그의 나이 겨우 서른아홉….

푸시킨 기념관에 있는 동상

러시아 사람들이 안타까워하는 역사상 '세 사람의 죽음'이 있다. 여기엔 '더 살아주었다면' 하는 희망사항이 내포되어 있다. 54세로 죽은 근대화의 시조 표트르 대제, 55세로 죽은, 국가 시스템을 바꾼 혁명가 레닌, 나머지 한 사람이 바로 천재시인 푸시킨이다. 문인을 국가 지도자 반열에 두는 러시아인의 성정性情이 놀랍다.

아무튼 표트르와 레닌은 자연사로 당시로는 살 만큼 살았지만, 마누라 잘못 만나 일찍 세상을 뜬 푸시킨은 '안 죽어도 될 죽음'이었기에 후세인들이 더욱 안타깝게 생각한다.

두 망자를 위한 추념

결투가 벌어졌던 초르나야 레치카에 서 있는 푸시킨 추모탑

나는 카페를 나와 푸시킨이 결투를 행했던 '초르나야 레치카' 공원을 향해 페달을 밟았다.

그가 마차로 갔던 길을 자전거로 달려보니 한 시간 정도 걸렸다. 당시 마차와 내 자전거 속도는 비슷할 것으로 추측했다.

결투장은 지금 소규모 공원으로 단장되어 있다. 중앙에는 그의 죽음을 애도하는 오벨리스크가 서 있고, 뒷면에는 후배 시인 레르몬토프 Lermontov의 〈시인의 죽음〉이란 시가 음각되어 있다.

"명예의 노예가 되어
쓰러진 시인이 죽었다
헛소문과 중상에 시달린 그는
가슴에 총탄을 맞고
복수의 원한을 품은 채
고개를 떨구었다~"

나는 오랜 기간 나와 러시아란 나라와는 악연이라고 생각해왔다.

'아버지가 러시아 문학을 전공하지 않았더라면 돌아가시지 않았을지도 몰라.'

어린 시절, 막연히 내 머릿속에 자리 잡은 부질없는 생각이었다.

이번 러시아 여행길은 요절한 아버지의 한을 달래는 '씻김굿'으로 생각하고 이곳저곳을 돌아다녔다. 회한에 젖어 눈물도 흘렸고, 알코올 기운을 빌리지 않고서는 잠들 수 없는 날이 많았다.

이제는 그 매듭을 풀 시간이 되었다. 반세기가 넘는 시간이 흐르지 않았는가. 나는 짧은 생애를 살았던 두 사람, 아버지와 푸시킨의 한을 달래는 묵념을 했다.

마지막으로 오벨리스크를 붙잡고 푸시킨에게 이런 말을 걸었다.

"위대한 시인이여, 나 같은 범부가 천재인 그대 속마음을 어찌 헤아릴 수 있겠소만은, 삶이 그대를 속일지라도 눈 질끈 감고 견뎌냈더라면 기쁜 날이 왔을 터인데 말이오. 삶이란 끝까지 멋지게 그리고 묵묵히 완수해야만 할 천부天賦의 과업 아니겠소…."

노르딕 3국

북유럽은 말 그대로 북부유럽을 총칭한다.
스칸디나비안 국가란 지리상 스칸디나비아 반도에 속하는
스웨덴, 노르웨이, 덴마크를 말한다.
노르딕 국가(Nordic Countries)란 말을 쓰기도 한다.
노르딕이란 '북쪽'을 의미하며
스웨덴, 노르웨이, 핀란드, 덴마크, 아이슬란드를 아우른다.
1952년 정치·군사 문제를 제외한 지역 협력을 목적으로
결성된 협회 5개 회원국이다.
이들 나라는 쾌적한 여름은 기껏해야 한두 달이고
겨울은 6개월이나 계속된다.
여름엔 백야 현상으로 잠을 이루기 어렵고,
겨울은 흑야 현상으로 햇볕이 귀한 날이 이어진다.
다 좋을 수는 없는 법, 신은 혹독한 기후를 주었지만
수려한 자연환경을 선물했다.
이들 국민성은 날씨만큼이나 차갑다지만, 일단 사귀고 보면
'평생 바이킹식 우정을 지속할 수 있다'고 정평이 나 있다.
더불어 외양보다 실용을 중시하는 국민성이 내 마음을 사로잡았다.

Chapter 5

청정한 자연 속의 핀란드

Republic of Finland

나는 핀란드를 숲과 호수, 음악과 사우나가 있는 '느린 나라'라고 부르고 싶다. 한반도의 1.5배나 되는 면적에 인구는 고작 550만 명에 불과하다. 그래서 어딜 가나 쾌적하고 여유롭다. 이런 환경에서는 인심이 솟아날 수밖에 없다. 시벨리우스로 상징되는 음악과 사우나의 본고장이고, 뜻밖에 탱고 같은 남미 춤이 꽃을 피운 곳도 이 나라다. 한낮에 벌어지는 대규모 춤판을 어렵지 않게 볼 수 있는 나라. 언어는 유럽에서 특이하게 우리말과 뿌리가 같은 우랄 알타이 계통이라 한층 친근감이 간다.

핀란드 사람은 동양계?

핀란드는 유럽에서 가장 북단에 있는 나라다. 북위 60~70도에 위치해 겨울은 길고 추운 반면 여름은 짧고 온화하다.

연평균 기온이 5도 정도로 낮은 편이고, 겨울에 폭설이 내리지만 여름엔 비가 잘 오지 않는다. 북쪽 지방은 여름에는 약 3달 동안 밤이 없는 백야 현상이 나타나며, 겨울에는 햇볕 대신 오로라를 보고 살아야 한다. 전반적으로 늦봄에서 초가을에 해당하는 6~8월이 여행의 적기다.

나라 이름의 유래는 '핀족^{Finns族}이 사는 땅'에서 왔다. 현재 인구의 90%가 핀족이다. 흔히들 북유럽 사람 하면 금발에 푸른 눈, 백옥 같은 피부에 늘씬한 외모를 연상시킨다. 하지만 그것은 스칸디나비아 3국^{스웨덴, 노르웨이, 덴마크} 사람에 해당하는 말이고, 핀란드인은 그렇지 않다. 언어 역시 이 세 나라는 '인도 유럽어족'이라서 서로 통한다. 그러나 핀란드어는 우랄 알타이어족으로 완전 다르다. 이런 연유로 핀란

헬싱키 시민들의 약속 장소인 스토크만 백화점 앞. 망치질하는 3인상이 이채롭다.

드는 유럽보다는 차라리 동양에 가깝다는 말이 나왔다.

인류학자들에 의하면, 핀족의 기원은 아시아에서 우랄산맥을 넘어 발틱 연안을 거쳐 현재 헬싱키 일대에 정착한 것으로 보고 있다.

유럽에 이런 나라가 또 있다. 바로 헝가리이다. 마자르^{magyar}족은 이런 경로를 밟아 헝가리와 발칸 일대에 정착한 것으로 학자들은 보고 있다. 참 흥미로운 학설이고, 이로 인해 이번 핀란드 여행은 나의 호기심을 배가시켰다.

자연만큼 공무원이 깨끗한 나라

숲과 호수를 의미하는 '수오미^{Suomi}'는 이 땅의 또 다른 이름이다. 호수와 숲으로 둘러싸인 나라-얼마나 멋진 말인가. 호수 19만여 개, 섬 3만여 개, 그 사이사이 자작나무, 가문비나무 우거진 산과 들, 겨울

차분하고 조용한 핀란드만 전경

이면 온통 설국에 산타할아버지의 고향까지! 청정한 자연은 여행자를 유혹하기 충분했다. 우리나라 '고요한 아침의 나라'는 너무 추상적이라 이미지가 잘 형상화되지 않지만, 핀란드는 정경이 눈에 그려진다.

한 국가의 경관이 좋다는 것은 한편으로는 자연보호가 잘 되어 있다는 반증이기도 하다. 그만큼 생활에 여유가 있어 인심이 좋고 범죄율은 낮다. 과거 여행한 적이 있는 뉴질랜드가 그랬다. 넓은 면적에 양†보다 적은 인구, 거기에 서든 알프스의 절경은 이곳과 오십보 백보 차이라고나 할까.

이 나라는 자연만큼이나 국가투명지수와 공무원 청렴도가 높다. 독일 베를린에 본부를 둔 국제투명성기구^{TI}라는 NGO 단체가 있다. 이곳에서 매년 180개국의 부패지수^{CPI}를 발표하는데 늘 최상위권에 속한다. 우리는 많이 좋아져 50위 내외다. TI의 설립자인 피터 아이젠은 부패가 나라 발전을 가로막는 주범이라고 생각해 이런 단체를 만들었다고 한다.

부패는 망국의 지름길이다. 나는 조선이 일본에 먹힌 주요인을 부패라 본다. 왕조 말기에 매관매직이 극심했다. 공무원의 정점, 왕부터 행했으니 나라가 썩은 수수깡처럼 되는 것은 당연한 결과였다. 한양에서 멀리 떨어진 지방에 발령받은 관리가 도착하기도 전에 새로 임명장을 받은 사람이 출발했다는 웃지 못할 사례도 있었다.

"조선을 망하게 한 처음 나라는 중국이었고, 이어서 러시아가 바통을 이어받았고, 마무리는 일본이 했다. 그러나 이것은 변죽일 뿐, 망한 진짜 이유는 조선 스스로 자멸했다"라고 진단한 중국의 근대 사상가 량치차오梁啓超의 말도 새겨볼 만하다.

'무민 마마'

핀란드는 여권 신장이 일찍 뿌리를 내렸다. 전 대통령 타르야 할로넨Tarja Halonen은 여성이다. 그녀는 이런 말을 했다. "우리는 남녀 모두가 창의성을 최대한 발휘해야만 비로소 번영을 이룰 수 있다."

핀란드 전설 속 요정 무민

재임 당시 국가 청렴도, 국가 경쟁력, 환경지수 등 각종 지표에서 세계 1위였다. 그녀는 12년간 핀란드를 이끌었고, 탁월한 리더십의 요체는 '평등과 청렴'이었다. 일반 국민들과 사우나에서 격의 없이 소통했다. 그야말로 이웃집 아줌마 같은 대통령이었다. 그래서 붙은 별칭이 무민Moomin 마마였다. 우리말로 '무민의 엄마'란 뜻이다.

무민은 핀란드 전설 속 요정으로, 하얀 몸에 하마를 닮은 귀여운 얼굴로 대중의 사랑을 받는 동화 속 캐릭터다. 1945년 여류 동화작가 토베 얀손에 의해 처음 세상에 나와 최근까지 영화, TV 애니메이션으로 만들어져 세계적으로 인기를 끌었다.

그녀가 대통령 시절 우리나라를 방문했을 때, 세탁물을 룸서비스에 맡기지 않고 호텔 방에서 직접 다림질을 했을 만큼 매우 소탈한 모습을 보여주었다. "나는 ᄆᄂᄂ 핀란드 ᄋ선처럼 딸 하나 키우는 미혼모다"라는 솔직한 고백도 했다. 남녀노소, 각계각층을 두루 껴안아 퇴임 당시 지지율이 80%를 넘었다니 그저 부러울 따름이다. 우리는 언제 이런 지도자가 등장하려나….

'사우나로 고치지 못하면 불치병이다'

핀란드 말 중에 유일하게 세계 공통어로 퍼진 것이 있다. 바로 사우나Sauna다. 핀란드와 사우나는 동격이다. 핀란드 사람은 집이나 별장을 설계할 때 사우나 시설을 우선 고려한다.

과거엔 출산도 사우나 장에서 하고, 죽은 자 세신洗身도 이곳에서 했다. 이들은 태어나서 죽을 때까지 사우나와 함께하는 셈이다. 이들은 한여름은 물론이고 추운 겨울에도 사우나를 즐긴다.

전통 핀란드 사우나는 중앙에 난로가 있고, 그 위에 주먹만 한 돌멩이들을 얹어놓는다. 달궈진 돌 위에 물을 뿌려 발생하는 증기로 사우나를 한다.

이때 중요한 것은, 핀란드에 지천으로 널린 자작나무 가지를 다발로 묶어 뜨거운 물에 담갔다가

핀란드인에게 사우나는 필수다.

자전거 백야기행

몸을 툭툭 친다. 그리고는 찬물에 뛰어든다. 그러면 땀도 빠지고 혈액 순환은 물론 피부 미용에도 탁월한 효과가 있다고 한다. 현재 핀란드에는 사우나가 100만 개가 넘는다고 하니 가히 '사우나 왕국'이라 할 만하다.

핀란드인들은 정직하기로 정평이 나 있다. 속이거나 숨기지 않고 솔직하다. 서로 벌거벗고 이야기를 나누는 사우나가 일상화된 덕분인지 모른다. 건강도 사우나로 챙긴다. "사우나는 만병통치 요법이다"라고 할 정도로 사우나 신봉자들이다. "사우나 안에서는 교회에 와 있는 것처럼 행동하라"라는 핀란드 속담은 이래서 나온 것 같다.

강대국에 국경을 맞댄 약소국의 운명

핀란드 역사는 강대국의 각축장이 되었던 '발틱 3국'과 비슷해 외침과 수탈에 끊임없이 시달렸다. 12세기부터 스웨덴의 지배를 받았다. 14세기에는 칼마르 동맹Kalmar Union, 덴마크·스웨덴·노르웨이의 3국 연합체이 맺어지면서 덴마크에 복속되었다. 스웨덴이 덴마크를 정복하자 다시 스웨덴의 통치를 받았다.

스웨덴과 러시아가 북방 패권을 놓고 격돌, 스웨덴이 패하자 1809년부터 인접국 러시아의 식민지로 전락하고 말았다. 이러한 과정을 거치면서 강인한 핀란드인의 저항 정신이 싹트기 시작했다. 1835년에는 민족주의 운동이 일어나 전통 대서사시 〈칼레발라〉가 집

대성되었다.

1917년 러시아 혁명으로 차르 체제가 무너지자 독립에 이른다. 그러나 기쁨은 오래가지 못했다. 러시아 볼셰비키 혁명 내전에 휘말려 좌우익 싸움으로 수만 명이 희생되는 아픔을 겪었다.

동족상잔의 비극에 이어 또다시 가혹한 운명이 닥친다. 1939년 히틀러와 스탈린은 '독·소 불가침 조약'을 맺었다. 이 조약에 폴란드 절반과 발틱 3국 그리고 핀란드에 대해 러시아가 무슨 짓을 해도 독일은 개의치 않겠다는 조항이 있었다.

이 조항을 이행하는 데 러시아는 매우 신속했다. 그해 겨울, 헬싱키 공습을 기점으로 지상군이 국경을 넘어 침공해왔다. 일명 겨울전쟁Winter War, 1939. 12~1940. 3의 발발이다. 핀란드는 인구 400만에 군인 15만, 화력이래야 대포 몇 문에 소총이 전부였다. 이에 비해 러시아는 20개 사단 규모의 대병력에 탱크 1천 대, 야포 4천 문을 동원했다.

인접국끼리 사이가 나쁜 것은 철칙이다. 고대로부터 90%의 전쟁이 국경을 맞댄 나라끼리 발생했다. 어쨌든 핀란드의 저항은 만만치 않았다. 울창한 숲과 호수는 우월한 러시아 화력, 즉 탱크와 자주포 부대의 진군을 막았다. 화력 지원을 못 받은 보병부대는 전의를 상실했다. 대다수 평원 출신인 러시아군은 울창한 숲속에서 길을 잃었고, 결빙된 줄 알았던 호수와 늪에 빠져 부대가 궤멸되기 다반사였다.

자전거 백야기행

핀란드군은 '모티 전술'을 썼다. 모티Motti란 핀란드 말로 '불쏘시개용 장작 조각'이란 뜻이다. 지형지물을 이용해 러시아군을 장작 쪼개 듯 분리, 격파했다.

또한 흰색 유니폼에 스키를 탄 핀란드 스나이퍼저격수는 공포의 대상이었다. 이들은 정규군이 아닌 핀란드 숲을 주름잡던 순록 사냥꾼들이었다. '시모하이야'란 저격병은 러시아 군인 542명을 사살했다. 숲속 어디서 총알이 날아올지 몰라 러시아군의 사기는 극도로 저하되었다.

며칠이면 점령할 것이라는 예상을 뒤엎고 전선은 교착상태에 빠졌다. 이에 유럽 언론은 일제히 '다윗핀란드이 골리앗러시아을 이겼다'라고 스탈린을 비웃었다. 격노한 스탈린은 강골 티모셴코 원수를 총사령관으로 무려 50개 사단을 투입, 무자비하게 짓밟아 항복을 받아냈다. 원래 2주 예상했던 침공이었지만 4개월간의 치열한 전투를 치르고 얻은 '억지 승리'였다. 핀란드 사상자는 7만인 데 비해 러시아는 30만이 넘었으니 얼마나 용감하게 저항했는지 알 수 있다.

러시아는 물량, 즉 병력 및 화력을 맹신했다. 전쟁에서 물량이 기초적인 토대를 모두 대신해줄 수 없다는 선례를 세계 전쟁사에 확실하게 남겼다. 전사가들은 겨울전쟁이야말로 20세기 현대전에서 절대 열세의 전력을 기본 토착 전술로 극복한 전쟁으로 평가한다.

모든 전술은 상황과 지형에 맞춰 가변성이 있어야 한다. 특수한 지형일수록 특별한 전술이 필요하다. 러시아는 천문지리를 이용해 나폴레옹 군대를 격퇴시킨 역사가 주는 교훈을 망각했다.

히틀러는 '겨울전쟁' 전황에 촉각을 곤두세웠다. 전쟁 결과를 면밀히 분석한 히틀러는 러시아군 전력을 평가절하했다. 이는 1년 3개월 후 벌어질 '인류 최대의 충돌'이라는 바르바로사 작전, 즉 독일의 러시아 침공 판단에 주요인으로 작용했다. 러시아를 만만하게 본 독일은 철저히 몰락했고, 전쟁의 상흔은 인류 역사에 큰 오점을 남겼다.

백야 속 밤배

상트페테르부르크는 러시아 여행의 종착지였다.

이곳에서 헬싱키로 가기 위해 여러 차편을 알아보니 국제 고속버스나 열차가 많았다. 그러나 이것들은 자전거를 별로 '환영'하지 않았다.

자전거가 최우선인 나로서는 대형 페리 편을 이용하기로 망설임 없이 결정했다. 선박회사를 수소문해보니 대형 크루즈선이 저녁 7시 출항하여 다음날 아침 8시에 도착하는 환상적인 시간표! 정원 1,700명에 승무원 450명, 차량 적재 400대의 초대형 유람선. 가격은 60유로.

그동안 꿈꾸어왔던 북해 '백야의 크루즈 여행'. 하룻밤만이라도 맛볼 수 있는 기회에 가벼운 흥분이 일었다. 배 안으로 들어가니 휘황찬란한 조명에 눈이 번쩍 뜨인다. 멋스러운 샹들리에 아래 고급 양탄자가 깔려 있는 넓은 홀과 엘리베이터는 고급 호텔을 연상케 했다.

핀란드만에 정박 중인 대형 호화 유람선

밤배, 내가 이것을 즐겨 이용하는 이유는 숙박비를 절약할 수 있는 현실적인 계산 때문만은 아니다. 항구를 출발하며 오랫동안 떠나온 곳이 보이니 공항의 이별처럼 삭막하지 않아 좋다. 밤바다의 정취는 물론, 여명과 함께 갑판에서 맞는 새 아침을 나는 즐긴다.

갑판 위에서 서서히 멀어지는 러시아 땅을 응시하며 푸시킨과도 작별을 고했다. 아직 공산주의 잔재가 조금은 남아 있는 러시아, 무언가 억누르는 듯한 무거운 공기. 그간 지친 심신을 재충전할 '자유국' 핀란드 여행이 몹시 기다려진다.

익숙해질 만하면 다시 떠나고, 낯익을 만하면 다시 생소한 곳을 찾아가는 무한 반복의 여정이 마치 영혼의 담금질처럼 느껴졌다. 시시포스가 받은 천형天刑을 떠올렸다. 제왕 신 제우스를 분노케 한 시시포스, 무거운 바위를 굴려 산 정상에 올린 다음 밀어버리고 다시 그 바위를 찾아 올리고 정상에서 다시 밀어버리는 행위를 영원히 반복해야만 하는 형벌. 명부冥府에서 받은 벌이니 사면이 있을 수 없다. 오직 무량한 시간만 존재할 뿐이다.

프랑스 작가 알베르 카뮈는 에세이 〈시시포스 신화〉에서 이렇게 쓰고 있다.

"인생은 무의미하고, 반복되는 일상은 지루하기 짝이 없다. 그러나 신이 정해준 운명에 굴하지 않고 굴러떨어진 바위를 찾아 다시 밀고 올라가는 시시포스의 행위야말로 위대한 인간 승리의 순간이다."

'동행'은 좋은 것!

넓은 배 안을 여기저기 돌아보다 자전거 복장을 한 승객과 마주쳤다. 우리는 누가 먼저라 할 것도 없이 인사를 교환했다.

러시아인 마이클로, "짧은 휴가를 이용해 며칠 동안 핀란드를 자전거로 돌아볼 예정"이라고 했다. 어눌한 영어 구사였지만 그것은 큰 문제가 될 수 없었다. 라이더끼리는 국적, 인종을 불문하고 자전거를 좋아한다는 이유만으로 쉽게 친구가 된다.

"여러 번 헬싱키를 다녔으니 가볼 만한 곳이나 길 찾기, 사진 찍기는 나에게 맡겨요. 또 그곳에서는 러시아어가 잘 통합니다."

이렇게 반가울 수가! 대개 러시아인은 무뚝뚝하지만 속마음마저 그런 것은 아닌 것 같다. 영어로 의사소통이 어려울 때마다 그는 재빨리

배에서 사귄 러시아인 자전거 여행가 마이클. 낯선 땅에 첫발을 디딜 때 친구가 있으면 한결 마음이 편하다.

스마트폰 통역 앱으로 전환해 대화를 이어갔다. 여행에서 느끼는 즐거움 중 하나는 예상치 못한 좋은 친구를 만나는 것이다.

동반자와 같이 입국 수속을 하니 한결 마음이 편했다. 헬싱키 이민국 직원은 국적은 다르지만 같이 여행하는 것으로 생각했는지 내 차례에서 아무 질문도 없이 도장을 찍어주었다.

항구를 빠져나오니 'ET 오줌싸개 할아버지' 같은 독특한 조형물이 우리를 반긴다. 우스꽝스러운 표정에서 브뤼셀의 명물 '오줌싸개 꼬마 상'을 패러디한 느낌을 받았다. 기념사진을 몇 장 찍고는 헬싱키 외곽에 위치한 숙소를 향해 달리기 시작했다. 마이클을 앞세워 뒤에서 따라가니 시간 절약이 되어 좋았다.

헬싱키에서 저렴한 호스텔이나 캠핑장은 여름철에만 문을 여는 곳이 많다. 내가 정한 스타디온 호스텔Stadion Hostel은 연중무휴로 공동 주

헬싱키항의 명물 '오줌싸개 ET 상'. 브뤼셀의 'Manekin Piss'를 모방한 듯.

방과 인터넷, 아침까지 제공했다. 각종 경기장이 인근에 있으니, 이름 그대로 운동경기를 목적으로 전국에서 모인 젊은이들로 붐빈다. 12인용 룸이 35유로^{45,000원 정도.}

체크인 후, 로커룸에 짐을 넣어두고 핸들바 백과 작은 배낭만 메고 헬싱키 시내 산책에 나섰다.

70년 전에 이미 올림픽 개최

수도 헬싱키는 인구 60만 정도의 자연조건이 훌륭한 항구도시다. 유럽 대륙 여러 나라 수도 중 가장 북쪽에 있으며, 이 나라 정치·경제·산업의 중심지이다.

1550년 스웨덴의 구스타프 바사 왕이 세웠는데, 1809년 러시아로

넘어갔다. 이때 러시아 황제 알렉
산더 1세는 수도를 투르크에서
이곳 헬싱키로 옮겼다. 당시 러시
아 수도 상트페테르부르크와 조
금이라도 가까운 곳에 두려 했던
것이다. 그리고는 상트페테르부
르크를 모델로 헬싱키를 새롭게
건설하기 시작했다. 그래서일까.
막 떠나온 그곳 느낌이 여기저기
서 감지된다.

전설의 육상 스타 파보 누르미

과거 미·소 냉전이 극심하던
6, 70년대, 당시는 할리우드 영화
산업의 전성기였다. 미국은 러시아에서 '현지 로케'를 할 수 없었다.
그 대안으로 가장 러시아적 분위기를 느낄 수 있는 헬싱키에서 '러시
아 장면'들을 많이 찍었다. 〈닥터 지바고〉가 대표적이다.

헬싱키는 런던이나 파리처럼 메트로폴리탄 같은 맛은 없다. 아담한
아르누보 양식의 건축물이나 장중한 붉은 벽돌조 빌딩, 곳곳에 서 있
는 조각상, 잘 가꾸어진 거리, 바닷가 카페, 호수 산책로 등으로 '멋스
런 휴양도시'라는 인상을 받았다.

'파보 누르미Paavo Nurmi'는 핀란드를 넘어 세계 육상계의 전설이다.
그는 세 차례 올림픽1920년 앤트워프, 1924년 파리, 1928년 암스테르담에서 무려

핀란드인의 실용 정신을 엿볼 수 있는 벼룩시장. 우리 같으면 버릴 듯한 물건도 여기서는 버젓이 나와
새 주인을 기다리고 있다.

대통령도 가끔 들러 쇼핑을 한다는 시장 광장

시청 앞 광장에 있는 발틱해의 처녀, '하비스 아만다' 상   시장 광장에서 한 끼 해결했다. 가격은 20유로.

34개의 메달을 따냈다. 이 때문이었을까, 핀란드는 1952년 '헬싱키 올림픽'을 유치, 성공적으로 개최했다.

올림픽은 헬싱키가 도약하는 데 큰 역할을 했다. 우리나라도 선수단 21명을 파견, 2개의 메달을 획득해 69개국 중 37위를 기록했다. 6·25전쟁 와중에 이 정도면 괜찮은 성적 아닌가. 헬싱키 시로부터 '특별 환영'을 받았다는 후문이다.

예술과 외설 사이

구도심 여객항 부근에 자리 잡고 있는 시장 광장Market Square을 찾았다.

헬싱키란 도시는 전통적으로 이 광장을 중심으로 발달해왔다. 카우파토리Kauppatori라 불리는 이 지역은 과거 물물교환이 이뤄졌던 곳으로, 지금은 배에서 갓 잡아온 생선이나 직접 키운 과일과 농산품을 팔고 있다. 한마디로 사람 냄새 물씬 풍기는 곳이다.

그런데 '거리 좌판'이기는 하지만 북유럽답게 가격은 비싸다. 이 나라 생필품 가격은 서유럽의 1.5~2배에 이르니, 호주머니 가벼운 여행자라면 거리에서 한 끼 때우는 식사도 만만치 않은 금액이다.

그 원인을 알아보니 좌판 물품일지라도 정식 마트나 백화점에 비해 전혀 품질이 떨어지지 않고, 상인들 역시 국가에 낼 세금은 정직하게 다 낸다고 한다.

광장 중심에 '발틱해의 아가씨'라 불리는 하비스 아만다 상Havis

Amanda statue이 서 있다. 1908년 프랑스 파리에서 핀란드 조각가 빌 발 그렌이 만든 것으로, 이곳으로 옮겨와 명물이 되었다. 바다에서 떠오른 여인이라는 이미지가 핀란드의 부활을 상징한다. 네 마리 물개가 내뿜는 분수에 둘러싸여 있는 젊은 여성 누드상인데, 194cm의 늘씬한 키에 가슴과 엉덩이 라인이 예술이다. 나그네의 욕정을 일으킬 만큼 선정적인 자태지만 외설적인 느낌은 들지 않았다. 여기서 북유럽 성문화에 대한 개방적인 한 단면을 엿볼 수 있었다.

광화문 광장에 이토 히로부미 동상이 선다면?

헬싱키 대성당Helsinki Cathedral을 찾았다.

밝은 녹색 구리 돔 아래 하얀 외벽이 우람한 열주와 잘 어울린다. 1852년 완공된 이래 지금까지 신고전주의 양식으로 웅장한 위용을 자랑한다. 스웨덴과의 전쟁에서 승리한 러시아에 의해 세워져, 지배 시절엔 성 니콜라이 정교회였다. 지금은 핀란드 루터교의 총본산으로 변신했다.

대성당 앞 원로원 광장Senete Square 한가운데에 큼직한 동상 하나가 우뚝 서 있다. 가까이 가보니 러시아 황제 알렉산드로 2세였다. 아니, 과거 식민 시절 지배국의 군주상을 독립한 지 100년이 넘었는데 아직도 그냥 두다니…. 답답한 마음에 현지인 몇 명에게 물어보았다.

"논란이 있었으나 굳이 없애버릴 필요까지는 없다는 결론에 도달했다. 알렉산드로 2세는 개혁 군주로 '만인 평등법'을 제정하여 농노

원로원 광장의 루터란 교회인 헬싱키 대성당. 우측 조형물은 러시아 황제 알렉산드로 2세 동상이다.

제도를 폐지했고, 근대화를 위한 사회개혁을 단행했다. 또 철도를 부설하는 등 우리에게 많은 유산을 남겼다.

참 알 수 없는 노릇이지만, 이런 나라가 또 있다. 자유중국이라 불리던 타이완이다. 타이완은 청일전쟁 패전 직후인 1895년부터 1945년까지 일본 지배를 받았다.

1918년 7대 총독으로 부임한 육군 중장 아카시 모토지로明石元二郎, 러일전쟁 당시 상트페테르부르크 주재 부관과 경술국치 직후 조선 주둔 헌병사령관을 지냈다는 타이완 경제 발전을 위해 많은 업적을 남겼다. 하천을 정비해 홍수를 예방했고 수력발전소를 건설했다. 현재 타이완 유명 관광지인 르웨탄日月潭도 그가 조성한 수력발전용 댐으로 생겨난 인공호수다. 그는 교육에도 힘을 써 많은 학교를 설립했다.

아카시는 죽기 전 "나를 타이완 땅에 묻어달라"는 유언을 남겼다. 현재 타이완 신뻬이新北市의 잘 조성된 묘역에 타이완인의 보살핌을 받으며 고이 잠들어 있다. 한 가지 덧붙이면, 타이완 총통부는 일본이 50년 총독부 건물로 사용하던 것을 그대로 쓰고 있다.

이토 히로부미 상이 광화문에 서 있는 것을 우리는 상상이나 할 수 있겠는가! 우리는 조선총독부 건물이 일제 잔재이자 그 시절 아픈 기억을 떠올리게 한다는 이유로 헐어버렸다.

'헬싱키의 광화문 광장'에 서 있는 알렉산드로 2세 상은 내 사고방식으로는 정말 이해하기 어려웠다. 다음 행선지를 향해 페달을 돌리며 내 머릿속엔 이런 생각이 떠올랐다.

'정답 없는 식민 역사 청산 문제, 관점이 다를 뿐 옳고 그름의 문제가 아니구나….'

환경이 만든 디자인 강국

핀란드 땅은 2만 년 전에는 두터운 빙하로 덮여 있었다. 시간이 흐르면서 빙하 녹은 자리에 물이 들어와 지형에 큰 변화가 일어났다. 크고 작은 호수 19만여 개, 섬 3만여 개가 생겨났다.

국토는 평야지만 농토가 적고, 늪지와 습기를 머금은 땅에 자작나무가 꽉 들어차 있다. 내가 즐겨 씹는 '자일리톨 껌' 속 자일리톨 성분은 이 자작나무에서 추출했다.

국토 30% 이상이 추운 북극권에 속해 있는 핀란드는 6개월은 해가 뜨지 않는 '극야 나라'이고, 6개월은 해가 지지 않는 '백야 나라'이다.

1873년에 건축된 디자인 박물관

　핀란드의 겨울은 춥고 길다. 봄, 여름 역시 비 오고 우중충한 날이 많다. 이 때문일까, 이들은 실내에서 보내는 시간이 많을 수밖에 없다. 바로 이 대목이 핀란드가 여타 유럽국에 비해 건물 설계나 실내 장식 기법이 탁월하게 발전해온 것이 아닐까.

　헬싱키에 가면 꼭 들러보리라 마음먹었던 디자인 박물관Design Museum을 찾았다. 1873년에 설립되었다니 오랜 역사를 자랑한다. 예상대로 생활에 편리한 각종 가구, 채광장치, 조명기구, 유리공예, 자기 등 전시품이 많았다. 연도별로 정리가 되어 있어 디자인 변천사를 쉽

디자인 박물관 내부　　　　　　　　　연도별로 디자인의 변천사를 알 수 있다.

게 이해할 수 있었다. 지금은 평범하기 그지없는 물건들이지만 출현 당시에는 각광을 받았으리라….

이들 디자인의 뿌리는 자연친화적인 콘셉트에 북유럽의 실용성이 가미되어 그 진가를 더해주고 있다. 핀란드 디자인을 전 세계에 알린 것은 한 뛰어난 디자이너의 공이 컸다. 유로화가 도입되기 전 구 화폐에 디자이너 얼굴을 넣었을 정도였으니 말이다. 핀란드 민족음악가 시벨리우스만큼은 못 되어도 아직까지 국민의 존경을 받고 있다. 그 이름은 알바르 알토Alvar Aalto, 1898~1976.

핀란드 '디자인의 아버지'

알토 기념우표

알토는 어린 시절 뛰어놀고 자란 자작나무 숲과 호수와 설원 풍경을 생활 속 설계로 재창조했다. 각 지방의 특색을 되살려내고, '부족한 햇빛'을 구조물 안으로 끌어들이는 채광 기법에 머리를 짜냈다. 알토만의 독창적인 아이디어 산물이었다. 그의 대표적인 작품은 우리나라 '예술의 전당' 격인 '핀란디아 홀'이다.

알토는 이런 말을 했다. "지구상에 존재하는 보통 사람들을 위한 낙원 건설이 내 건물 설계 모토다. 따라서 평범한 사람들을 위한 비범한 공간을 창조하는 데 주안점을 둔다."

자전거 백야기행

핀란디아 홀. 우리의 예술의 전당 격. 핀란드 최고 디자이너 알토가 설계했고, 민족음악가 시벨리우스의 이름을 땄다. 교향곡 〈핀란디아〉의 연주 무대이다.

알토를 유명하게 만든 것은 건축 설계뿐 아니라 생활용품 디자인에도 큰 족적을 남겼다. 나무뿐 아니라 유리, 도기 등에도 그의 숨결이 묻어난다. 호수의 파문처럼 굴곡진 유리컵 테두리나 도기류 곡선은 호수에서 얻은 영감이었다. 아내인 아이노 알토Aino Aalto 역시 디자이너로서, 또 동업자로서 큰 역할을 해냈다. 남편의 명성에 걸맞게 그녀 역시 실용성과 예술 감각을 결합한 가구와 생활용품 수백 점을 디자인했다.

가구는 핀란드의 지천에 널린 자작나무를 주로 사용했다. 벤트우드Bentwood 기법을 적용했는데, 얇게 켠 나무를 결 방향에 따라 하나씩 접착해 열과 압력을 가해 구부려 만드는 방법이다. 대표적인 것이 팔걸이 의자arm chair, 1932년 작품이다. 이제는 고전이 되었지만 아직도 지구촌 곳곳에 퍼져 애용되고 있다. 이로 인해 핀란드의 목재 산업은 부흥

기를 맞았으니 일석이조인 셈이었다. 나 역시 70년대 이 '알토 의자'를 처음 보았을 때의 충격을 잊지 못한다.

그의 가구 디자인 콘셉트는 "가구가 인간의 공간을 침범해서는 안 된다. 그러기 위해서는 최대한 심플해야 한다"였다. 알토의 영향을 받은 애플의 스티브 잡스는 "Simple is the Best!"란 모토로 제품 디자인을 해 큰 성공을 거두었다.

수난의 현장, 수호멘린나

수오멘린나Suomenlinna섬으로 가기 위해 카우파토리 선착장에서 배를 탔다. 작은 유람선에 자전거를 실으려니 안내원의 표정이 별로 좋지 않다. 이런 '위기'를 벗어나는 방법은 가장 빨리 타고, 내릴 땐 맨 나중에 내리면 된다.

걸린 시간은 20분 남짓, 섬은 크지 않아 자전거로 한 시간이면 충분히 돌아볼 수 있다. 헌데 갑자기 먹구름이 몰려오더니 비를 뿌리기 시작했다. 하늘이 원망스럽다. 옛 포대 터에 찾아들어가 겨우 비를 피했다.

북유럽의 하늘은 알 수 없는 여자의 마음 같다. 파란 하늘이라고 믿지 말고, 외출 시 우장을 챙겨야 한다. 여름철에도 일교차가 심해 보온을 위해 긴팔 셔츠나 따뜻한 재킷은 필수. 체온이 떨어지면 복병인 감기와 설사가 고개를 쳐든다. 여행 기간이 길어지니 체력이 떨어지

자전거 백야기행

러시아를 견제하기 위해 축성한 수호멘린나 요새터

고, 몸 곳곳에서 면역력 저하가 감지된다.

수오멘린나는 '핀란드 요새'란 뜻이다. 헬싱키 앞바다에 있는 4개의 섬에 축조된 방어 기지Fortress였다. 굳이 비유하자면 우리의 강화도쯤이라 할 수 있다. 핀란드를 지배한 스웨덴이 러시아 침공을 막기 위해 1748년 건설했다. 당시 스웨덴 국왕 프레데릭 1세는 스베아보리Sveaborg, 스웨덴 요새로 명명했다.

주요 볼거리로는 섬 주위 포대 터와 축성 방어벽, 수오멘린나 교회, 1855년 크리미아 전쟁 때 파괴된 법정Courtyard, 드라이 도크Drydock, 킹스 게이트King's Gate 등이 있다.

1854년 세운 러시아 정교회는 지금의 핀란드 교회Evangelica-Luteran Church로 거듭났다. 스웨덴 통치 시절엔 이곳에 사람이 많이 거주해 번성했다. 그러나 러시아 수중에 들어가면서 주민들을 퇴거시키고 군사 기지로 전용하고 말았다.

수오멘린나는 핀란드 근·현대사의 고단한 역사를 간직한 현장이다. 세월이 흐른 1991년 섬 전체가 유네스코 세계문화유산에 등재되었다. 지금은 헬싱키 사람들이 휴일이면 즐겨 찾는 피크닉 장소이자, 야외 결혼식 명소로 각광받고 있다.

'민족음악가' 시벨리우스

민족음악가 장 시벨리우스

'시벨리우스 기념공원Sibelluspuisto'을 향해 페달을 돌리기 시작했다. 시원한 바닷바람을 맞으며 시 외곽 북쪽으로 30여 분 달렸다.

공원 안에 들어가니, 우람한 강관 파이프 600개가 하늘을 보고 서 있다. 독특한 조형물이다. 대형 성당에 설치된 파이프 오르간을 연상시킨다. 1967년 여류 조각가 에일라 힐투넨이 시벨리우스 탄생 80주년을 기념해 완성한 작품이다. 그의 악상을 시각적 조형물로 구현했다는 생각이 들었다.

또 하나 특이한 조형물은 시벨리우스 머리상인데 귀가 없다. 대신 떠오르는 영감을 의미하는 구름을 조각해놓았다.

시벨리우스Jean Sibelius, 1865~1957는 헬싱키 음악원을 우수한 성적으로 졸업 후 모교에서 교편을 잡는 한편 창작활동을 시작했다. 처음에는

자전거 백야기행

독일 낭만파와 러시아 국민악파로부터 영향을 받았으나 나이가 들면서 핀란드 신화 · 역사 · 자연, 특히 민족적 서사시에 주안점을 두었다. 나라가 처한 상황이 작풍에 영향을 준 것은 말할 것도 없다. 그의 작품은 북유럽 특유의 애조를 띠고 있다.

시벨리우스 기념공원에 있는 파이프 조형물

시벨리우스는 평생을 조국 핀란드에 대한 사랑과 용감한 핀란드 사람들의 생애를 주제로 작곡했다. 그는 아름다운 바이올린 협주곡, 피아노 소품, 현악 사중주를 위한 실내악, 전

시벨리우스의 두상, 그 위의 악상

래민요 칼레발라Kalevala에 근거한 일곱 개의 교향곡 등 무수히 많은 곡을 만들었다.

나라마다 민족마다 말이 다르고 문화가 다르듯, 민족 감정이나 사고방식도 다르게 마련이다. 쇼팽이나 리스트가 살았던 19세기 유럽에서는 우리 음악과 남의 음악, 즉 나라별 음악 특질을 구분하기 어려웠다. 헝가리 출신 리스트는 비엔나에서 살며 활동했고, 폴란드 출신 쇼팽은 파리에서 살았다. 리스트는 모국어인 헝가리 말을 거의 못했다.

우람한 강관 파이프 조형물. 파이프 오르간보다 핀란드 지천에 널린 자작나무를 상징한다고.

시간이 흐르면서 나라별로 처한 운명이 달라진다.

이 무렵 유럽 음악에 새로운 풍조가 일어나기 시작했다. 자국 설화나 민요에 바탕을 둔 나라별 고유 음악이 나오기 시작했다. 일명 '민족주의 음악'이라 할 수 있다. 민족 전통에 뿌리를 둔 이들 음악은 대부분 섬세하고 서정적이다. 노르웨이의 그리그^{Ervard Grieg}는 〈솔베이지의 노래^{Solveig's Song}〉를 만들었고, 체코 보헤미아 지방 출신의 드보르작^{Anton Dvorak}은 〈유모레스크^{Humoresque}〉를 작곡했다. 러시아 역시 이탈리아나 독일, 오스트리아의 영향에서 벗어나 국민악파의 시조라 불리는 코르사코프^{Rimsky Korsakov}에 의해 슬라브족 특유의 음악을 꽃피웠다.

핀란드 하면 단연 '장 시벨리우스'이다. 민족음악가로 핀란드인이 사우나보다 더 사랑한다. 한마디로 핀란드를 관통하는 키워드인데, 어떻게 음악가가 국민 영웅의 반열에 오를 수 있었을까? 모국이 러시아의 압제에 시달릴 때 교향곡 〈핀란디아^{Finlandia}〉를 작곡해 국민의 심금을 울리며 독립 정신을 고취시켰기 때문이다. 조국에 대한 그의 헌신을 기리는 의미에서 최고 음악당 이름도 '핀란디아 홀'이다.

백주대낮에 벌어진 춤판

음악에 대한 핀란드 사람의 열정과 사랑은 널리 알려져 있다. 이는 어제 오늘 일이 아니다. 노르딕 국가의 오케스트라 지휘자 중 70%가

대낮의 춤판. 술을 안 마시고도 대낮에 춤판을 벌이는 것이 핀란드인들의 정서다.

핀란드 출신이다. 핀란드는 인구 대비 정부의 예술 지원 금액이 가장 많은 나라이다.

일례로 핀란디아 홀에서 헬싱키 심포니 오케스트라의 연주회 입장료는 15유로, 학생과 실업자는 5유로. 파격적으로 저렴하다. 물론 타 물가에 비해서 그렇다는 말이다. 1993년 만든 교향악단법에 의하면, 모든 오케스트라 예산의 25%를 국가가 지원한다.

인구 500만의 작은 나라에 22개 오케스트라가 있고, 헬싱키에만 3개가 있다. 이런 음악적 토양으로 1912년에 처음 시작된 '사본린나 오페라 축제Savonlinna Opera Festival'는 세계적으로 유명해졌다. 이 축제는 사본린나에 있는 고성古城 올리빈린나 정원에서 열린다. 화려한 조명이나 무대장치는 없지만, 웅장한 성벽에서 반사되는 음향이 관객을 매료시킨다고 한다.

이에 질세라 록 음악의 오랜 전통 또한 자랑한다. 바로 '루이스 록

Ruis rock 페스티벌'이 대표적이다. 일조량이 풍부한 7월, 핀란드는 물론 해외 굴지의 밴드들이 참가해 투르크 시는 대성황을 이룬다.

자전거로 헬싱키를 몇 바퀴 돌고 나니 중심부는 거의 '감'이 잡혔다. 그래서 교외로 폭을 넓혀보았다. 목적지를 따로 두지 않고 여기저기 바퀴 굴러가는 대로 달려보는 것도 나의 여행 습관 중 하나다. 그러다 보면 뭔가 색다른 것, 관심을 끄는 것이 나타나게 마련이다. 그러면 바로 자전거에서 내려 사진도 찍고 현지인과 이야기도 나누며 그들 속으로 들어간다.

호젓한 호숫가를 따라 시 외곽 '메일라티'라는 곳을 달릴 때였다.
어디선가 경쾌한 템포의 음악이 들려왔다. 헬싱키는 작고 조용한 도시지만 '이런 다이내믹한 면도 있구나…'라는 생각이 들었다.
무슨 축제라도 하고 있나? 궁금증이 일어 소리의 진원지를 향해 페달을 저어 가보니, 호수가 내려다보이는 마을 공터에서 많은 사람들이 흥겹게 춤을 추고 있었다. 한 200여 명은 족히 되어 보였다.
사람들은 쌍쌍이 혹은 혼자 음악에 맞춰 몸을 흔들고 있었다. 걸려 있는 현수막에는 '살사 댄스 경연장'이라 쓰여 있었다. 살사의 원조는 아르헨티나 탱고와 더불어 남미 아닌가. 다른 지역에서 기원한 것으로 핀란드에서 화려하게 꽃피운 것이 '남미 음악과 춤'이다. 어쨌든 경연장에는 본부석도 없고 의례적인 상품도 보이지 않았다.
나로서는 참 흥미로운 광경이었다. 백주대낮에 술도 안 마시고 이런 흥겨운 군무를 즐기다니!

과거 생각이 떠올랐다. 아프리카에서 근무할 때 보았던 한낮의 결혼식 파티 이후로는 처음이었다. 아프리카 원주민들의 율동 감각은 놀랍다. 주야 불문, 음악 없이도 남녀노소 리드미컬한 춤은 천부적이다.

헬싱키를 여행하려면 춤을 배워라?

템포 빠른 곡조에 내 기분도 업되어 자연스레 혼자 있는 한 여성에게 말을 걸었다. 전형적인 북구의 금발 여성은 아니지만 긴 갈색 머리가 아름다운 여성이었다. 파란 눈빛이 매우 강렬해 잠시 눈을 맞추니 빨려들어갈 것만 같았다.

나는 여행 중에 곧잘 여성들에게 길을 물어보는데, 그 이유는 남자에 비해 설명이 친절하고 구체적이기 때문이다. 서울에서 온 자전거 여행자라고 소개를 하니 그녀는 감탄사를 연발하며 내게 관심을 표했

나에게 춤추자고 손을 내민 에바 양

다. 그녀 이름은 에바. 아가씨인지 아줌마인지는 짐작할 수 없었다. 그녀 역시 내 나이를 가늠하지 못할 것이다.

대화 분위기가 약간 무르익자 참았던 질문을 쏟아냈다.

"이게 무슨 춤판입니까? 혹시 춤 대회입니까?"

"대회는 아니고 동네에 가끔 모여 춤을 즐기지요. 오늘은 살사 댄스이고 다음번에는 탱고 댄스일 거예요."

"핀란드 사람은 정열적인 춤을 좋아하는군요!"

"그렇죠. 야외 춤뿐 아니고 우리는 모든 스포츠도 다 좋아하죠."

"이렇게 모여서 춤을 추니 지역사회의 '만남의 장' 같은 성격입니까?"

"그것보다는 춤이 우선이고, 서로 마음에 들면 사귈 수도 있지요."

음습한 곳이 아닌 백주에 벌어지는 열정적인 춤 무대와 만남의 장-문화적인 이질감으로 나는 어안이벙벙했다.

나를 더 당혹케 만든 것은 그녀의 제의였다. "살사 춤 같이 추실 수 있어요?" 아니면 "살사 춤에 관심 있으세요?"라고 물었는지 정확히 기억나지 않는다. 확실한 것은, 나는 당황했고 엉겁결에 "복장도 이렇고, 나는 구경만 하는 것을 좋아하는데, 자전거가 있어서…"라고 횡설수설했던 것 같다. 또 '몸치'란 영어 표현이 떠오르지 않아 허둥댔다. (스파게티용 '살사 소스'만 아는 나에게 살사 춤을 추자고 하다니….)

그러나 정작 머쓱해진 것은 에바였다. 묘령의 자신이 나이 지긋한 이국 여행자에게 베푼 호의를 무참히 거절당했기 때문이다. 분위기를 바꾸기 위해 나는 "다음에 제가 탱고 춤을 배워오면 그때 한번 같이 추시죠"하며 너스레를 떨었다. 그녀는 웃으며 "그러죠. 좋은 여행 되세요!"하고는 다른 파트너를 찾기 위해 군중 속으로 사라졌다.

허탈했다. 낚시꾼이 다 잡은 대어를 뱃전에 올리다 놓친 심정이 이럴까. 그렇지만 아직도 '제의'가 들어온 것만으로도 만족하고, 안장에 올라 다음 행선지를 향해 힘차게 페달을 밟았다.

'이야기'는 만들기 나름

나는 자전거로 지구촌 도처를 다닌다.

여행 가이드북에 침이 마르도록 미사여구가 한가득이지만, 실제 가보면 실망스럽기 그지없을 때가 있다. '관념 속에 두고 그릴걸 괜히 찾아왔어'라고 후회할 때가 종종 있다. 내가 명명한 '세계 3대 썰렁 관광 명소'가 바로 그렇다. 독일 라인 강변의 '로렐라이 언덕'과 코펜하겐에 있는 '작은 인어 상', 그리고 브뤼셀에 있는 '오줌 누는 꼬마 상'이다.

첫 번째, 높이 135m의 야트막한 로렐라이 언덕은 평범하기 그지없었다. '애개~ 이게 뭐야!' 나의 첫 느낌이 이랬다. 내가 이걸 보려고 여기까지 왔나 싶을 정도로 실망스러웠다.

두 번째, 덴마크 코펜하겐 해변에 설치된 작은 인어 상이다. 안데르센의 동화 〈인어공주〉에서 모티브를 따온 높이 125cm, 175kg의 자그마한 청동상이다. 코펜하겐에 들르는 관광객치고 여기를 빼놓는 사람은 거의 없을 것 같다. 내가 갔던 그날도 수십 대의 관광버스가 줄을 서고 있었으니까.

마지막으로 오줌 누는 꼬마 상은 1619년에 세워졌으니 역사는 오래되었다. 이 꼬마의 이름은 줄리앙. 이 녀석이 마녀 집 앞에 몰래 오줌을 싸자 화가 난 마녀가 마법을 걸어 '얼음'이 되게 했다는 귀신 씨나락 까먹는 이야기. 브뤼셀에서 이것을 처음 보았을 때 작은 크기에 깜짝 놀랐다. 60cm 남짓했으니 말이다. 사실 크기가 무슨 문제인가. 그것이 창출하는 유형·무형의 부가가치가 대기업 몇 개 합친 것만큼 엄청난데!

세 가지 외에도 많다. 로마 '스페인 광장'에 있는 평범한 계단 몇 개가 영화 〈로마의 휴일〉에서 오드리 헵번이 젤라또 아이스크림을 먹던 장소라 해서 세계적 관광 명소가 되었다.

파리의 '미라보 다리'는 정말 볼품없다. "미라보 다리 아래 센 강이 흐르고 우리의 사랑도 흘러내린다. 괴로움에 이어 맞을 기쁨을 나는 꿈꾸며 기다리고 있다~"기욤 아폴리네르의 시구 하나로 널리 알려진 곳이다. 유럽에 별것 아닌 것처럼 보이는 것들이 세계적인 관광 명소로 탈바꿈한 것은 탄탄한 문화적 배경에 고운 옷을 입혔기 때문이다.

사실 잘 찾아보면 우리나라에도 곳곳에 전설과 신화, 영웅담이 널려 있다. '전설 따라 삼천리' 중에서 문화적 가치와 예술적 심미성이 있는 것을 골라 환상의 콘텐츠로 발굴한다면 훌륭한 관광자원이 될 것이다.

자전거 백야기행

봄바람에 송이송이 흩날리는 꽃처럼 3천 궁녀가 몸을 던진 낙화암 스토리는 로렐라이 언덕보다 더 중량감이 있다. 에밀레종 전설이나 효녀 심청과 인당수 등의 소재도 훌륭하다. 신라시대 해양제국을 세운 장보고 이야기는 어떤가! 이는 중국 명나라 때 해상왕 정화보다 무려 500여 년이나 앞선다. 청해진의 근거지 완도는 전복만 팔 것이 아니라 '장보고 스토리'를 만들어 세계를 상대로 마케팅을 펼쳐야 한다.

개인도 마찬가지다. 더 나은 것이 아니라 '세상에 없는 것'을 만들어내야 한다. 자신만의 독특한 개성이 담긴 콘텐츠를 개발해 스토리텔링이라는 짙은 색조화장을 한다. 그러면 로맨틱 가도나 로렐라이 언덕처럼 이 무한경쟁 시대에 필살의 무기가 될 것이다.

산타클로스는 핀란드 사람?

내가 '이야기 만들기'론을 장황하게 펼친 이유는 핀란드의 산타클로스Santa Claus 이야기를 하기 위해서이다.

어린 시절 설렘과 기대감으로 무한한 상상력을 키워주던 '산타 할아버지', 그의 고향이 핀란드로 알려져 있기 때문이다. 위치는 헬싱키 북방 1,000km 정도 떨어진 인구 6만의 작은 마을 로바니에미Rovaniemi.

매년 12월이 되면 전 세계에서 산타클로스 앞으로 오는 편지와 카드가 답지한다. 그러면 이 마을 '산타 우체국' 직원들은 일일이 답장을 발송한다. '산타를 직접 만나러' 방문하는 사람들로 작은 마을은

'산타'만큼 성공한 스토리텔링이 또 있을까? 전 세계 어린이들로부터 도착한 우편물을 정리하고 답장을 보내주는 산타클로스 마을의 중앙우체국.

연일 붐빈다. 산타클로스는 영어식으로는 세인트 니콜라스Saint Nicholas, 즉 성인 니콜라스란 말이다.

오늘날 산타클로스가 있기까지는 네덜란드인의 역할이 컸다. 아메리카 신대륙에 이주한 초기 네덜란드인에 의해 그는 '산테 클라스'라 불렸다. 이 발음이 오늘날 산타클로스가 되어 세계적 명절 크리스마스에 선물을 나누어주는 선한 사람의 대명사가 되었다.

의문 하나, 우선 그는 실존 인물이었을까?

그렇다. 270년에 태어나 346년에 사망했다. 소아시아 미야Myra에서

　　　　　　　　　　　　　자전거 백야기행

주교로 사역했다. 미야는 현재 터키 남부 지중해안 마을 뎀레^{Demre}다. 그곳에 있는 성 니콜라스 성당에 그가 잠든 석관묘^{石棺墓}가 남아 있다.

소아시아에서 존경받던 성 니콜라스가 산타클로스로 알려지게 된 까닭은 무엇일까?

니콜라스는 실제로 어린이를 무척 좋아했고, 매년 12월이 되면 가난한 어린이들에게 은밀하게 선물을 나누어주었다고 한다.

'발 없는 말이 천 리를 간다'고 했다. 그의 선행은 널리 퍼져 칭송이 자자하게 되었다. 나아가 십자군 원정을 통해 프랑스, 독일, 이탈리아 등 유럽 전역에도 알려져 성인 반열에 올랐다.

원래 종교적으로 위대한 인물은 대부분 고향 땅보다 타 지역, 타국에서 더욱 추앙받고 나아가 신격화되었다. 예수가 그랬고, 석가모니도 그와 비슷한 길을 걸었다. 인류의 대스승들과 함께 비유하는 것이 적절한 예일지 모르겠지만, 통일교 문선명 교주도 그런 범주다.

'스토리텔링'의 힘은 어디까지인가

의문 둘, 겨울에도 눈이 오지 않는 지중해 지방에 살던 니콜라스가 흰 수염에 빨간 외투를 입고, 순록이 끄는 썰매를 타고 다니는 것은 어떻게 된 일일까?

북유럽 신화에는 '오딘^{Odin}'이라는 신이 등장한다. 오딘이 즐겨 이

산타 할아버지가 핀란드 기를 들고 핀란드 사람임을 강변하고 있다. 오른쪽은 산타클로스 마을 로바니에미 안내판.

용하는 '교통수단'은 지역에 흔한 순록이 끄는 썰매였다. 북유럽이 기독교를 받아들이고, 산타클로스가 널리 알려지면서 신화에 나오는 오딘 역할이 산타클로스로 바뀌었다. 그러니 산타의 고향이 추운 북유럽이라고 생각하는 것은 당연한 귀결이었다.

흰 수염에 붉은 복장은 19세기 중반 한 만화가에 의해 탄생했고, 이 캐릭터가 미국 코카콜라 초창기 광고에 등장함으로써 세계적 이미지로 자리매김했다. 이를 핀란드 로바니에미 마을이 판타지로 만든 스토리텔링으로 마케팅을 선점했다. 1927년의 일이니, 당시 핀란드인의 안목에 그저 감탄만 나올 뿐이다. 관광 수입이 많고 적음을 떠나 국가 이미지가 얼마나 올라갔나.

　　　　　　　　　　　　　　　　자전거 백야기행

터키 뎀레에 있는 성 니콜라스 주교상. 터키는 왜 '산타 할아버지'의 본국 송환을 요구하지 않을까? 그 이유는 종교에서 기인할 것으로 추측된다.

이제 터키는 물론 세계 어느 나라도 산타 할아버지의 고향에 대해 '시비'를 걸 수 없을 만큼 산타는 확실한 핀란드 사람이 되어버렸다.

성 니콜라스 주교가 세상을 떠난 지 오랜 세월이 흘렀다. 그가 생전에 행한 선행은 어린이들은 물론 어른들에게도 감동을 주었고, 앞으로 인류가 존재하는 한 지속될 것이다. 이는 온 세상 사람의 이름으로 찬양받아 마땅하다. 그의 종교가 무엇이든, 어디서 태어나 어떤 피부색을 가졌든 그것이 무슨 상관이랴!

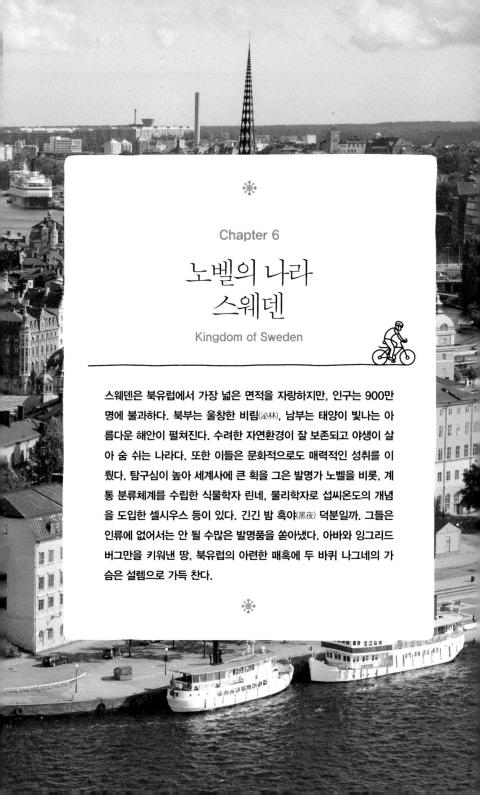

Chapter 6

노벨의 나라
스웨덴

Kingdom of Sweden

스웨덴은 북유럽에서 가장 넓은 면적을 자랑하지만, 인구는 900만 명에 불과하다. 북부는 울창한 비림(祕林), 남부는 태양이 빛나는 아름다운 해안이 펼쳐진다. 수려한 자연환경이 잘 보존되고 야생이 살아 숨 쉬는 나라다. 또한 이들은 문화적으로도 매력적인 성취를 이뤘다. 탐구심이 높아 세계사에 큰 획을 그은 발명가 노벨을 비롯, 계통 분류체계를 수립한 식물학자 린네, 물리학자로 섭씨온도의 개념을 도입한 셀시우스 등이 있다. 긴긴 밤 흑야(黑夜) 덕분일까. 그들은 인류에 없어서는 안 될 수많은 발명품을 쏟아냈다. 아바와 잉그리드 버그만을 키워낸 땅, 북유럽의 아련한 매혹에 두 바퀴 나그네의 가슴은 설렘으로 가득 찬다.

스웨덴이란 나라는?

나라 이름은 '스베아르' 족에서 유래되었다. 이들은 바이킹의 후손으로 진취적이며 호전적이었다. 바이킹이란 해적 집단이다.

땅이 척박하니 바다는 자연 이들의 생활 터전이었다. 이들은 300여 년 동안 북유럽 바다를 지배했다. 10세기경 봉건체제가 자리 잡자 루릭 왕조를 세우고 발틱해 연안까지 진출했다. 중세에 다른 강력한 노르딕 국가인 노르웨이나 덴마크로 인해 독자적인 세력을 구축하지 못했다. 17세기에 이르러 탁월한 지도자 구스타프 2세에 의해 북유럽의 실력자로 부상했다.

스웨덴은 비교적 이른 시기인 1809년, 군주제에서 입헌정부로 탈바꿈했다. 중립국을 표방해 운 좋게도 두 차례의 세계대전 참화를 피해 선진국 대열에 올라섰다. 이를 바탕으로 세계인에 회자된 슬로건 '자궁에서 천국까지'라는 복지제도가 탄생했다. 더불어 무상교육과 노동조합 역시 세계의 본보기가 되었다.

국가투명지수는 여느 북유럽 나라처럼 선두권이다. 의회에서 선출

스웨덴의 전통 붉은색 목조 가옥

된 시민이 정부의 권력남용과 부정부패를 감시하는 제도를 처음 실시
한 나라이기도 하다.

가끔 방송에서 듣는 옴부즈맨Ombudsman은 스웨덴어로 '대표자'란
뜻이다. 국회의원이 자전거 타고 전철 타고 출퇴근한다. 위세 부리지
않는다. 특혜는 물론 없다. 부러웠다. 부러운 정도가 아니라 우리나라
의 현실을 생각하면 뼈에 사무칠 정도다.

나는 외국을 여행하며 외국 것을 찬양만 하는 사대주의자가 아니
다. 누구에게서나, 어느 나라에서나 배울 것은 배워야 한다. 나는 넓은
세상을 돌아다니며 보고 들은 것을 객관화하려 노력한다. 배움에는
인종과 국경이 없다.

발명 강국

스웨덴 사람은 발명가적 기질을 타고났다. 게다가 실용성이 몸에 배어 있다. 그 이유가 무엇일까?

이들이 발명해낸 것들은 하나같이 눈부시고 정교하며 범인류적인 것들이다. 이 나라는 백야의 중심에 위치해 있다. 때문에 짧은 여름을 빼고는 수많은 날, 극야의 긴긴 밤 발명에 몰두했을 것이다. 발명품은 우리 생활과도 직결되어 하루라도 이것들이 없이는 불편하기 짝이 없을 것 같다.

-1884년 에릭 파치는 호주머니에서 저절로 불이 붙어 엉덩이에 화상을 입는 시절과 작별하게 해주었다. 그는 연구 끝에 안전성냥Safety Match을 만들어 세계 최초로 특허를 따냈다.

-1900년 순드바크는 세계 최초로 지퍼를 발명했다. 많은 발명품이 진화를 거듭했지만 이 지퍼만큼은 최초의 탄생품과 거의 변함이 없는 아이템이다.

-가정용 진공청소기는 1910년 제게르에 의해 발명되어 당시 주부들에게 대환영을 받았다.

-1941년부터 공군용 카메라를 만들던 하셀블라드는 1948년 싱글렌즈 리플렉스 카메라를 만들어 일반 사람도 사용할 수 있게 했다. 미항공우주국NASA에서도 우수성을 인정해, 1969년 닐 암스트롱의 역사적 달 착륙 사진이 바로 하셀블라드로 촬영한 것이다.

-1976년 가데필드는 승용차용 터보엔진을 최초로 고안해 사브SAAB 자

동차의 명성을 세계에 알렸다.

이밖에도 무수히 많지만 하나 더 보태면, 해부학 교수였던 브레네마르가 치과용 임플란트를 1965년 최초로 이식했다.

스케이트에 얽힌 옛 생각

스웨덴은 일찍이 조선, 기계, 화공 등 기초 공업이 발달했지만, 품질 좋은 철광석 산지 때문에 금속 공학이 두드러졌다.

'금속 기술' 하니 과거 춘천에서의 옛 추억이 떠오른다.

나는 아름다운 '물의 도시' 춘천에서 군복무를 했다. 명경지수明鏡止水의 공지천, 우두벌 지나 소양댐 가는 길, 구봉산, 커피전문점 '이디오피아의 집'… 모두 추억 어린 장소들이다.

춘천의 겨울은 몹시 추웠고 눈도 많이 왔다. 그때 눈은 낭만과는 거리가 멀었다. 눈이 소복소복 쌓이는 밤이면, 새벽 눈 치울 걱정에 새우잠을 자곤 했다. 일대 작전도로 개통은 내가 근무하던 공병부대 책임이었다. 불도저, 그레이더, 덤프트럭 등 건설 장비를 보유했기 때문이다.

겨울이 오면 부대 대항 스케이트 대회가 성대히 열렸다. 혹한을 극복하고 장병들의 체력단련을 위한 일종의 동절기 훈련이었다. 보통

아름다운 물의 도시 스톡홀름. 1998년에 '유럽 문화도시'로,
2010년에는 '유럽 환경도시'로 지정되었다.

'전방'이라 불리는 한강 이북 부대는 대개 그랬던 것으로 나는 알고 있다. 내가 몸담았던 부대의 장군들도 스케이트를 타고 대회에 참가하는 최고의 겨울 스포츠 행사였다. 참가팀은 4개의 팀-군단 직할부대와 예하 3개 사단 등이 치열한 경쟁을 벌였다. 응원 역시 참가 부대의 명예를 걸고 추위를 녹일 정도로 뜨거웠다. 물론 나도 소속부대의 기대를 한몸에 받으며 출전했다.

당시 내가 오매불망 그리던 스케이트는 바로 '스웨덴 제품'이었다. 회백색 금속 위에 'Made in Sweden'이란 글자가 음각된 스케이트 날! 금속 재질이 단단해 여러 번 코너를 돌아도 면이 시퍼렇게 살아 계속 스피드를 낼 수 있었다. 그때 성적은 공개할 수 없다. 다만 스웨덴제 스케이트를 신고 달렸다면 몰라도….

운치 있는 '물의 도시'

스톡홀름 중앙역 인근 번화가 카페에 앉아 오가는 사람들을 구경했다. 멍 때리듯 아무 생각 없이…. 가끔은 이런 시간도 필요하다. 무심히 오가는 군중들에서 북유럽 특유의 쾌활함, 친절함이 전해져온다.

이들을 바라보고 있으니 위축된 마음이 무장해제되는 느낌이었다. 문득 저 군중 속으로 파묻혀버리고 싶은 마음이 들었다. 파란 눈에 금발, 백옥 같은 피부, 늘씬한 S라인…. 북구 여인들은 여행자의 마음을 대책 없이 흔들어 공연히 마음을 심란하게 만든다. 다른 나라에서 느끼지 못했던 외로움을 스웨덴, 그것도 스톡홀름 한복판에서 절감하는

스톡홀름의 번화가. 의상은 화려하지 않고 검소하다. 그러나 표정은 역동적이고 밝다.

이유는 무엇일까.

　문득 스톡홀름의 어원에 대해 호기심이 일었다. 스톡^{Stock}은 통나무이고 홀름^{Holm}은 섬이란 뜻이다. 물이 넘쳐 통나무 파일을 박아 삶의 터전을 구축했다는 설과, 상류에서 통나무를 띄워 보내 그것이 멈추는 섬에 살기 시작했다는 전설이 내려온다.

　어쨌든 물과 떨어질 수 없는 관계였으니 일찍이 해운업과 해군력이 강대했다. 그 힘을 바탕으로 부를 축적해 강대국 반열에 올라섰다.

　유럽에서 전통을 자랑하는 아름다운 도시는 많다. 그것들은 하나같이 바다나 강, 호수, 운하를 끼고 있다. 물과 어우러질 때 경관이 좋아짐은 말할 것도 없다. 언뜻 떠오르는 도시는 상트페테르부르크, 베네치아, 암스테르담, 제네바, 브뤼헤 등인데 여기에 스톡홀름을 추가해야만 할

스웨덴에서 가장 사랑받는 음식 '세트블라르 오크 포타티스'

것 같다.

스톡홀름은 상트페테르부르크처럼 번화하지 않고, 베네치아보다 세련된 경관을 자랑한다. 눈부신 햇살에 비치는 은은한 암갈색 건축물이 14개 섬에 고루 포진해 있다. 중세 분위기를 물씬 풍기는 구시가지와 다양한 문화시설을 아우르는 현대적인 신시가지가 절묘하게 조화를 이루고 있다.

세계 속의 스웨덴인

스웨덴인들은 예술 감각이 뛰어나다. 또한 세계적 스타가 많다. 물론 인구 대비 그렇다는 말이다. 은막의 스타로 우리에게도 잘 알려진 잉그리드 버그만은 금발에다 우아한 미모로 〈카사블랑카〉, 〈누구를 위하여 종은 울리나〉등에서 열연, 아직도 팬들의 사랑받고 있다. 아카데미 상 3번, 골든글로브 상 4번, 에미 상을 2번이나 받았다.

또 버그만보다 한 세대 앞선 뇌쇄적 몸매의 스타 그레타 가르보를 빼놓을 수 없다. 〈마타하리〉, 〈안나 카레니나〉 등에 출연하고, 한창 전성기인 35세의 나이에 은퇴했다. 그야말로 박수 칠 때 미련 없이 떠났다. 그래서일까. 유로화가 도입되기 전, 과거 화폐에 등장했을 정도였다. 배우가 감히(?) 신사임당과 같은 반열에! 우리는 언제쯤 이런 정서가 가능할까….

가수로는 세계적 팝그룹 아바^ABBA가 있다. 1974년 유로비전 송 페스티벌에서 우승을 차지, 돌풍을 일으켰다. 이후 〈댄싱퀸〉이 미국 빌보드 차트 1위에 오르면서 세계적 인기를 얻었다. 비틀즈의 뒤를 이어 한 세대를 풍미했다. 히트곡 〈맘마미아〉는 90년대에 들어 뮤지컬로 만들어져 인기를 재점화시켰다.

이들은 세계적으로 요란하게 명성을 떨쳤지만 조용히 국민적 사랑을 받는 작가는 바로 아스트리드 린드그렌이다. 그는 세계 어린이의 동심을 사로잡은 〈삐삐 롱스타킹^말괄량이 삐삐〉이란 작품을 남겼다.

스웨덴 사람들은 기질이 활달하고 개방적이며 스포츠에 열광한다. 스포츠계에서 세계적 스타덤에 오른 인물로는 테니스에서 비요른 보그, 골프는 박세리 선수와 쌍벽을 이루던 애니카 소렌스탐, 축구는 스웨덴을 유럽 강팀으로 이끈 헨릭 라르손이 있다. 또 '겨울 나라'답게 빙상과 스키에서 세계적 선수를 많이 배출했다.

스포츠 스타는 아니지만, 세계적으로 알려진 '환경 스타'인 18세 소녀 그레타 툰베리가 있다. 2018년부터 매주 금요일 학교 수업을 거부하고 스톡홀름 의사당 앞에서 '기후를 위한 학교 파업'이란 피켓을 들고 1인 시위를 계속했다. 청정국인 스웨덴부터 기후변화에 적극적으로 대처해야 한다는 의미였다. 이 신선한 충격은 세계 수백만 학생 동조 시위로 이어졌다. 지난해에는 유엔본부에서 열린 기후행동 정상회

PERSON of the YEAR
TIME

GRETA
THUNBERG
THE POWER
OF YOUTH

〈타임〉지 선정 '2019 올해의 인물'로 선정
된 스웨덴의 환경운동가 그레타 툰베리

의에서 각국 정상들을 질타하여 일약 주목을 받았다.

툰베리는 미국 시사주간지 〈타임〉이 '2019 올해의 인물'로 선정했고, 노벨평화상 후보에도 오르는 등 세계적으로 큰 반향을 일으켰다.

스웨덴인 중에 잉그바르 캄프라드를 빼놓을 수 없다. 그는 다국적 가구 매장 이케아IKEA를 창업했다. 최근 우리나라에도 매장이 개설되면서 스웨덴 가구에 대한 관심이 높아지고 있다. 튼튼하고 품질이 뛰어난 가구를 믿기 힘들 정도로 저렴한 가격에 팔기 때문에 일반인들에게 인기가 높다.

'발명 강국'의 사업가답게 캄프라드는 일찍이 표준화된 조립식 가구를 고안해 양산체계를 갖추었다. 그리고 신속, 정확하게 소비자에게 인도함으로써 큰 부를 일구었다. 그는 〈포브스〉지 선정 세계 11위까지 오른 자수성가형 부호였다.

평생을 근검절약으로 죽는 날까지 청빈한 삶을 살았던 캄프라드는 이케아의 본질을 관통하는 다음과 같은 어록을 남기고 세상을 떠났다.

"유행은 오고 가지만 좋은 디자인과 우수한 품질, 그리고 낮은 가격을 가진 상품은 절대 사라지지 않는다."

자전거 백야기행

최초의 야외 박물관을 향하여

호스텔에 여장을 풀고 스톡홀름 산책에 나섰다. 지형이 평탄해 자전거 타기 좋고 시민들도 이방인 라이더에게 친절했다.

먼저 찾은 곳은 유르고르덴Djurgarden 섬. 스톡홀름을 이루는 14개 섬 중의 하나로 최고의 명소이자 시민에게 편안한 휴식처로 사랑받는 곳이다. 과거에는 왕이나 귀족의 사냥터였다.

각 섬들은 모두 다리로 연결되어 있다. 자전거로 각 섬을 순례하며 섬마다 고유한 매력을 느껴보는 것은 스톡홀름을 즐기는 최고 방법이다. 차선으로 유람선 투어가 있다. 배의 규모에 따라 역사 운하투어에서 로열 운하투어까지 다양하다. 마치 서울의 버스 노선처럼 구석구석 안 들어가는 곳이 없다.

근래엔 박물관이 많이 들어서면서 '격조 높은' 지역으로 변모했다.

스톡홀름은 업다운이 없어 자전거 타기에 최적의 도시다. 남녀노소 누구나 자전거를 탄다. 차도 한가운데 자전거 전용도로가 있다.

북방민속 박물관Nordika Museet, 티엘스카 갤러리Thielska Galleriet, 프린스 유진 미술관Prins Eugens Waldemarsudde 등이 들어섰다. 스웨덴을 알기 위해서 한두 번은 와봐야 하는 유르고르덴 섬 - 레스토랑과 카페도 곳곳에 있어 지친 몸 쉬어가기에 그만이다.

스웨덴은 고위도 특유의 겨울답게 길고 춥다. 대신 여름은 짧고 쾌적하다. 이곳 사람에게 태양이 빛나는 여름은 소중하다.

대부분의 북유럽 나라들이 그렇듯 이곳도 6월 하지 축제가 성대히 벌어진다. 연중행사 중 가장 중요한 날로, 우리의 추석 명절이라 해도 과언이 아니다. 석 달도 채 안 되는 여름날은 매일매일이 축제다. 기다리고 기다리던 계절이 돌아오면 두꺼운 옷을 벗어던지고 해변으로, 강변으로 몰려나와 햇볕을 맘껏 향유하고 야외 박물관을 찾는다.

덴마크에 있는 뮈세 박물관, 노르웨이의 민속박물관, 핀란드의 세우라사리 박물관 등의 야외 박물관이 그것을 잘 말해주고 있다. 혹자는 북유럽에 야외 박물관이 일찌감치 설립된 이유로 이들에겐 역사적 기념물이 적다는 이유를 들기도 한다. 꼭 맞는 말은 아니다.

19세기 북유럽에서 애국적 낭만주의 물결이 일기 시작했다. 이때 사라져가는 서민적 전래 민예품의 재평가 작업이 민족운동과 함께 일어났다. 이런 의미에서 북구 야외 박물관의 이른 태동은 자연스럽다. 이중에서도 스웨덴은 북유럽은 물론 세계에서 가장 오랜 역사를 자랑한다.

자전거 백야기행

세계 최초 야외 박물관, 스칸센 입구.
일찍 입장하여 관람 시간을 넉넉히 잡는 것이 좋다.

"민속 역사의 타임캡슐을 만들자"

1891년 문을 연 야외 박물관 스칸센 Skansen, 성채란 뜻, 과연 어떤 모습일까? 박물관이 많은 스톡홀름에서 옛 향기 그윽한 야외 박물관을 찾아 페달을 밟았다.

스웨덴 박물관의 역사는 16세기 구스타프 2세까지 거슬러 올라간다. 박물관의 전신 격인 유물협회가 설립되고 유물 기록을 보관하기 시작했다. 그런 흐름에 발맞추어 1891년 야외 박물관 스칸센이 탄생했다. 세계 여러 나라를 여행하며 야외 테마파크 형식의 박물관은 자주 보았지만, 이곳처럼 '130년 전 설립'이라면 얘기가 달라진다.

스칸센 설립을 주도한 사람은 아르튀르 하첼리우스 Artur Hazelius. 그

스칸센에 과거의 베이커리를 재현해놓았다.

스칸센에 전시된 과거 교회 종탑

는 평범한 고등학교 교사였지만 역사에 관심이 많았다. 점점 사라져가는 옛 건물이나 전통적인 생활용구들에 대해 '이런 것들도 역사의 한 단면이다'라고 생각했다.

'우리 민속 역사의 타임캡슐을 만들자'는 것이 그의 모토였다. 생각만 하는 것과 행동하는 것은 결과에 있어 180도 다르다. 그는 한탄 대신 보존하는 일에 착수했다.

선구자 하첼리우스의 노력이 13년 만에 결실을 보았다. 면적 30만 m² 정도 대규모 야외 박물관을 완성한 것이다. 스웨덴 전역에서 이축移築해온 여러 계층의 전통가옥 150채를 만들었는데 베이커리, 공방, 교회, 풍차, 종탑, 곡물창고 등 다양했다.

자전거는 입장이 거절되어 안전한 곳에 맡기고, 간만에 속보로 발품을 팔며 이곳저곳을 돌아보았다.

한마디로 스웨덴의 '용인민속촌'이었다. 한결 세련되어 보이는 이유는 우리 민속촌처럼 재현만 한 것이 아니라 실제 형태 그대로 옮겨와 '앤티크화'했고, 모든 것을 철저히 고증해 '당시 스타일로 영업'하고 있었기 때문이다.

빵집에서는 전통의상을 입은 아낙이 옛 방식대로 빵을 굽고 버터를 만들고 있었다. 약국에서는 약초와 향신료를, 대장간에서는 풀무를 돌리고, 잡화점에서는 옛것을 그대로 팔고 있었다. 교회에서 열리는 '구식 결혼식'은 빼놓을 수 없는 볼거리였다.

과거가 살아 숨 쉬는 스칸센. 타임머신을 타고 옛날로 돌아가 그 방식 그대로 젖어들어 즐길 수 있는 곳이다. 아이에게는 체험학습장으로, 어른에게는 사라져버린 것에 대한 아련한 향수를 느끼게 한다.

권위는 있되, 군림하지 않는다

스칸센을 나와 리다르홀름Riddarholmen으로 향했다.

섬이긴 하지만 '섬 맛'을 전혀 느낄 수 없다. 번화가인 감라스탄은 최신 유행 패션 및 관광 쇼핑가가 밀집해 있다. 이 일대는 12세기부터 촌락이 형성되기 시작했다니 역사가 깊다. 1520년 덴마크 침공에 저항하던 귀족과 고관 90명을 이곳에서 처형한 어두운 역사를 지닌 곳이기도 하다. 중세에 마차들이 겨우 교행할 정도의 길이고, 차 한 대가 겨우 지나갈 골목길도 구불구불 이어져 있다.

그중에서도 가장 좁다는 '모르텐 그랜드'는 폭이 90cm로 외나무다리를 연상케 한다. 사이 안 좋은 사람끼리 마주치면 일 벌어질 듯한

스톡홀름 구시가지 가는 길. 북구의 베네치아라 불리며 800년 역사를 자랑한다.

곳이다. 군중심리로 한 번씩 지나보려고 줄을 길게 늘어선 사람들은
관광객임에 틀림없다.

중세 향기 물씬 풍기는 감라스탄은 스웨덴 왕궁Kungliga Slottet, Royal
Palace과도 가깝다. 스웨덴 건축물의 상징, 왕궁은 이탈리아 바로크 양
식과 프랑스 로코코 양식이 혼재되어 있다. 1697년에 대화재로 전소
되었으나 오랜 공사 끝에 완공된 것이 지금의 궁전이다.

608개에 이르는 방은 유럽 최고 장인에 의해 만들어졌다. 현재는
국왕 집무실과 왕실의 공식 행사에 사용되고 있다. 특이한 점이 있다
면 국왕이 집무하는 왕궁을 일반에게 공개한다. 이는 세계적으로 드
문 일이다.

어느 나라나 궁전이 그렇듯 근위병 교대식 또한 볼거리 중 하나다.

자전거 백야기행

마침 북구의 미남형 근위병이
혼자 서 있어 근접 촬영을 시도
했다. 근무 중 말을 할 수 없으
니 곁눈질로 슬쩍 '오케이'란 의
미의 윙크를 날린다. 이런 작은
행동에서 여유롭고 유머러스한
국민성을 엿보았다.

왕궁을 지키는 미남 근위병

왕궁을 떠나 국왕 일가가 기거하는 곳, 드로트닝홀름 궁전Royal
Domain of Drottningholm을 향해 페달을 돌렸다.

이 궁전은 스웨덴 건축물 중 역사적으로 중요한 위치를 차지한다.
궁전은 본 건물과 정원, 네 개의 붉은 탑 등으로 구성되어 있다. 드넓
은 영지에 분수 조각상 등 잘 가꾸어진 정원을 거닐다 보니 시간 가는
줄 모를 정도였다. 1537년 스웨덴 왕국을 세운 구스타프 바사 국왕이
왕비 카타리나를 위해 지었다. 그러나 건물이 완성되기 전 왕비는 세
상을 떠나고 말았다. 150여 년의 세월이 흐른 후 바로크 양식으로 중
건되었다.

'북구의 베르사유 궁'이란 별칭이 있는 이곳은 왕가의 여름별장인
동시에 국왕의 침소가 있는 곳이다. 이런 곳을 일반인에게도 공개한
다. 관광객도 자유로이 드나든다. 격의 없는 군주의 이런 자세야말로
스웨덴 왕실이 국민의 절대 지지와 존경을 받는 이유이고, 더 나아가
권위 있는 리더십의 밑거름이 되는 것이 아닐까.

333년 만에 '광명' 찾은 배

1628년 8월 10일, 하늘은 맑았다.

국왕 구스타프 바사를 비롯, 많은 사람들이 지켜보는 가운데 전함 바사Vasa호의 성대한 진수식이 열렸다. 바람 없는 평온한 날씨임에도 불구하고 배는 바다에 들어가자마자 기우뚱 옆으로 기울며 32m 해저로 가라앉았다. 배에 승선하고 있던 선원 150여 명 중 30명도 함께 수장되고 말았다. 설계상 큰 결함이 있었겠지만, 당시 기술로 수십 문의 대포를 장착한 전장 69m, 폭 12m, 높이 50m, 배수량 1,200톤 제원의 거함이었다.

스웨덴은 전통적으로 해양강국이다. 그 역사를 알기 위해 바사 박물관Vasamuseet을 찾았다. 과거 침몰한 전함을 건져올려 복원된 배를 전

바사 박물관에 있는 복원된 바사호. 장식품이 많아 침몰했나….

시하는 곳이다. 나는 마치 박제된 '조상새'를 보는 듯한 기분이 들었다. 현존하는 가장 오래된 전함이지만, 기구한 운명이었다. 세상에 나와 바로 가라앉아 오랜 세월 물속에서 지냈기 때문이다.

1956년 해양고고학자인 프란첸Anders Franzen에 의해 발견된 선체는 침몰 이후 333년 만인 1961년에야 다시 햇빛을 보았다. 배에 장식되었던 예술적 가치가 뛰어난 700점이 넘는 조각상도 큰 수확이었다.

해저 펄에서 삭아 문드러진 배를 14,000개로 조각내 뭍으로 건져올린 다음 퍼즐 맞추듯 진수 당시의 모습 그대로 복원했다. 현대 스웨덴의 뛰어난 샐비지salvage, 해난구조 또는 침몰선 인양 기술이 증명된 셈이다.

"내 탓이오!"

나는 혼자 여행을 하니 매사에 세심한 주의를 기울이는 편이다. 바사 박물관에 들어가기 위해 자전거는 보관대에 굵은 체인록으로 안전하게 채웠다. 내가 가지고 다니는 아부스Abus 제품은 특수강 재질이라 웬만한 휴대용 절단기로는 끊을 수 없다. 그리고는 뒤패니어에 있던 소지품들을 다 꺼내 배낭에 넣었다.

그런데 재킷이 부피가 커 망설이다 그냥 두고 지퍼로만 닫았다. '복지 지존' 스웨덴에서 설마 이걸 훔쳐가랴… 안일하게 생각하고 배낭만 멘 채 입장했다.

1시간 반 정도 박물관을 구경하고 나와보니 패니어가 홀쭉해 있었다. 황급히 지퍼를 열어보니 아니, 이게 웬일! 수년간 정들었던 흰 재킷이 온데간데없어진 것이다. 부주의가 부른 화근이었다.

　내 평소 여행 습관은 '자전거가 내 눈에 보이지 않으면 남의 것이
다'라고 할 정도로 신중하고 조심 또 조심하는 것이다. 명색이 자전거
세계여행가가 여행 중에 자전거를 도난당한다면 말이 되지 않기 때문
이다. 그런데 이곳에서 주의가 잠시 소홀해진 틈에 사고가 벌어지고
만 것이다.

　후회막심이었지만, 자전거째로 가져가지 않은 것이 천만다행이라
고 자위했다. (범죄율이 높은 미국, 유럽 대도시 등에서는 아무리 튼튼한
체인록을 채워도 픽업 트럭에 자전거를 통채로 싣고 가버린다.)

　복지국가 탓할 것 없다. 지금 여행기를 쓰며 당시 여행 수첩을 열어
보니 이렇게 적혀 있다.

　"오호 통재라! 내 방심이니 내 잘못이다. 그간 비바람 막아주며 풍찬노숙
　함께한 그대, 지금은 나를 버리고 어느 임의 품에 가 있느냐? 그대와 연이
　다하였으니 이제 그만 놓아주련다. 어디에 있더라도 잘 살아다오…."

'복지 왕국'의 그림자

　복지 왕국의 국민이라고 해서 다 넉넉하게 살 수는 없다. "가난 구
제는 나라님도 못 한다"는 우리 옛 속담이 여기에 들어맞을 것 같다.

　스웨덴은 '거지 면허증'을 발급하고 있다. 다른 말로 하면 거지를

'공인된 직업으로 간주한다'는 말이다. 화제의 도시는 스톡홀름 서쪽에 있는 인구 7만의 소도시 에스킬스투나이다. 여기서 구걸하려면 경찰서에 250크로나^{약 32,000원} 정도를 내고 허가증을 받아야 한다. 허가증은 3개월마다 250크로나씩 내고 연장할 수 있다. 허가받지 않고 구걸하면 과중한 벌금 4,000크로나^{약 50만 원}를 내야 한다.

이 제도를 도입한 이유는 '구걸을 어렵게 하기 위한 고육책'인 동시에 구걸 금지법을 확산시키기 위한 방안이라 한다. 다른 이유는 불법 이민자가 늘어남으로써 생기는 노숙자를 줄이기 위한 방책이다. 또 구걸자 신원을 파악해 도움을 주려 할 때 신속하게 연결할 수 있고, 노숙인 범죄가 발생했을 때 범인 검거가 용이하다는 장점도 있다고 한다.

그러나 구걸도 인간이 살아가는 한 방식인데, 제도적으로 착취하는 것이란 비난도 만만치 않다. 이들은 "범죄 조직이 무일푼인 걸인들에게 등록 비용을 대납시킨 뒤 구걸로 번 더 많은 금액을 갈취할 수 있다"는 점도 제기했다.

옛 향기 그윽한 도시

아침에 일어나 창밖을 보니 하늘이 잔뜩 찌푸려 있다.

비라도 내리면 금쪽같은 시간을 숙소에 꼼짝없이 갇혀 지내야 한다. 이럴 때 장소를 바꿔보면 혹시 맑은 날씨를 기대해볼 수도 있다.

감라 웁살라의 오래된 교회

즉시 호스텔 데스크에 문의하니 "스톡홀름 북쪽으로는 날이 개고 있다"고 했다.

"오호~ 이것도 여행 운!"

단출한 행장으로 북쪽으로 60km 정도 떨어진 웁살라Upssala를 향해 페달을 돌렸다. 예상은 적중했다. 북으로 올라갈수록 서서히 맑은 하늘이 드러나고 있었다.

웁살라는 인구 20만 정도의 옛 향취 그윽한 곳으로, 스웨덴에서 네 번째로 큰 도시이다. 과거에는 정치와 종교, 문화의 중심지였다. 근래 들어 현대식 건물이 많이 생겨났지만, 옛 거리나 가옥도 잘 보존되어 서로 조화를 이루고 있다.

자전거 백야기행

스웨덴 전통가옥은 목조에 붉은색이 주종을 이룬다. '팔룬 레드Falun Red'라 불리는 이 색은 스웨덴 국기의 노란색과 파란색 다음으로 스웨덴 사람이 선호한다. 붉은색 페인트 재료는 구리광산에서 나오는 부산물인데, 팔룬 광산에서 많이 나와 그 지명에서 유래되었다. 팔룬은 중부지방의 작은 도시로, 중세부터 구리 생산지로 유명해 전 유럽에 구리를 공급해왔다.

유럽 이 나라 저 나라를 다니다 보니 알게 된 사실-주로 성곽이 위치한 오래된 지역의 건물은 지붕부터 벽체까지 붉은색을 많이 썼다. 독일 '낭만가도'에 위치한 아름다운 도시 로텐부르크 오프 데어 타우버Rothenburg ob der touber는 '다우버 강가에 있는 붉은 성'이란 뜻이다. 그냥 로텐red부르크castle는 열 곳도 넘어 이를 구별하기 위해 부대 설명이 들어가 지명이 길다.

움살라 중심부에 '움살라 대성당'이 우뚝 솟아 있다. 신고딕 양식으로 첨탑의 높이는 무려 118.7m! 750년이라는 긴 역사를 자랑하는 북유럽 최대 규모 성당이다. 원래는 가톨릭 교회로 지었지만, 16세기에 와서 루터란 교회Lutheran Church, 종교개혁가 마르틴 루터를 신봉하는 교파로 바뀌었다. 이곳에 스웨덴 왕국의 첫 번째 왕이었던 바사 왕 부부를 비롯한 왕족, 린네 등 유명인사의 유해가 안치되어 있다.

감라 웁살라 고분군에서 생각은 멀리 경북 경주로 날아갔다.

감라 웁살라에서 떠오른 경주

"진정한 여행이란 새로운 풍경을 보는 것이 아니라, 새로운 눈을 갖는 것이다."

프랑스의 저명 작가 마르셀 프루스트가 한 말이다. 나는 이 말을 금 과옥조로 삼아 타국을 여행하며 우리 것을 더 알고자 힘쓴다.

웁살라에 도착하자마자 외곽 지역인 '감라 웁살라'를 향해 페달을 밟았다. 스웨덴 말로 '감라'는 'old'란 뜻이다.

30분 정도 달렸을까, 지금까지와는 완전히 다른 경관이 펼쳐진 다. 멀리서 보니 제주도에 널려 있는 작은 '오름' 같기도 하고, 경주

자전거 백야기행

고분군 같아 보이기도 했다. 가까이에서 보니 옛 스웨덴의 고분 300여 기가 여기저기 흩어져 있다.

"아니, 이렇게 비슷할 수가!"

나는 내 눈을 의심했다. 너무나도 눈에 익숙한 모습이었기 때문이다. 그 옛날 신라와 스웨덴이 서로 교류하며 봉분을 쌓았을 리 만무했지만, 눈앞에 펼쳐진 엄연한 현실이었다.

경주 대릉원과 서봉총 발굴 기념비

가슴이 마구 뛰기 시작했다. 이럴 때 나는 여행에서만 느낄 수 있는 쾌감을 향유한다. 흥분된 마음을 진정시키고 찬찬히 둘러보았다.

봉분의 크기나 부드러운 곡선이 경주의 총 또는 분과 너무나 흡사했다. 우리 선조들은 망자의 음택陰宅을 크게 '능陵·원園·묘墓·총塚·분墳' 등 5가지로 구별했다. 능·원은 왕 또는 왕비, 세자, 인척을 위한 것이고, 묘는 일반인, 총·분은 피장자 신분을 정확히 알 수 없거나, 넓은 의미로 음택에 주로 쓴다.

생각은 멀리 한국 경주로 날아갔다.

정확히 말하면 노서동 고분군인 대릉원 서봉총이다. 축조 시기는 451년장수왕 39년이었고, 규모는 지름 36m, 높이 9.6m였다. 고분의 형식은 덧널을 넣고 주위와 위를 돌로 덮은 다음 그 위에 봉토를 씌운 신라 특유의 돌무지덧널무덤積石木槨墳이다.

이 고분 발굴에 스웨덴의 왕위 계승을 앞둔 구스타프 6세 아돌프 왕세자1882~1973, 현재 국왕 구스타프 16세의 할아버지가 참가했다.

지금은 평지가 된 벌판 위에 그것을 증명이라도 하듯 화강암 비석 하나가 덩그러니 놓여 있다. 아래는 그 위에 음각된 비명碑銘이다.

'서전국왕 구스타프 6세 아돌프 폐하 서봉총 발굴 기념비In memory of the historic execavation by His Majesty King Gustaf VI Adolf of Sweden'

고분 발굴에 참가한 스웨덴 왕세자

왜 스웨덴 왕세자가 경주에 와서 발굴에 참가했을까? 세월의 시계를 거꾸로 돌려보자.

일제 강점기인 1926년, 조선총독부는 경주 고분군 발굴을 시작했다. 3대 조선 총독 사이토齋藤 實. 재임 1919~1927는 전임자가 행한 강압무단 통치에서 형식상으로는 문화통치 정책으로 방향을 바꾼 자였다.

명분은 조선 고분 연구였지만 실상은 빛나는 유물을 수탈해 민족혼과 민족문화를 말살하고, 봉토는 경주역 기관차고 건설에 쓰기 위해서였다. 지금은 비석만 덩그러니 남아 과거를 증언하고 있다.

이 무렵 일제는 전국에 걸쳐 민족 정기가 서린 곳 - 산에는 쇠말뚝을 박고, 평지는 신작로新作路란 이름으로 길을 만들었다. 조선 풍수사상에 입각해 나라를 되찾으려는 인재가 절대 출현할 수 없도록 싹을 밟아버릴 목적이었다.

이때 마침 스웨덴의 왕세자 부부가 신혼여행차 일본을 방문, 동경에 체류 중이었다. 왕세자는 저명한 고고학자였다. 왕손이 왜 고고학을 공부했을까?

19세기 들어 스웨덴은 러시아와의 '북방전쟁'에서 패해 국가 자존감이 무너졌다. 그는 지난 1,000년이 넘은 바이킹 선조들이 이루었던 빛나는 업적을 되돌아보기 시작했다. 그 일환으로 수십 년에 걸쳐 이곳 감라 웁살라 왕족의 고분 발굴을 완성, 자긍심을 되찾았다.

왜 '서봉총'이 되었을까?

일제는 청일전쟁과 러일전쟁을 통해 조선을 병탄했고, 이를 발판으로 아시아의 맹주가 될 꿈을 꾸고 있었다. 그러기 위해서 선진 유럽 문물 벤치마킹에 진력했다.

때마침 북유럽 강국 스웨덴 구스타프 왕세자 부처가 일본 여행 중 동경에 체류 중이었으니 얼마나 좋은 기회인가! 일제는 왕세자의 환심을 사기 위해 경주 고분 발굴 참여를 제의했다. 이 방면에 조예 깊은 세자는 이를 흔쾌히 수락했다.

발굴 중인 구스타프 6세. 오른쪽 사진은 그가 꺼낸 금관총.

구스타프 왕세자 일행은 10월 9일 관부연락선으로 부산에 도착, 경주에 와서 '최부잣집'을 숙소로 정했다. 이튿날 발굴에 참여, 찬란한 금관보물 339호, 국립중앙박물관 소장을 발굴했다. (미리 다 발굴해놓았고, 이날은 왕세자 손을 거쳐 지상으로 올린 '퍼포먼스'였다).

아무튼 그날 저녁 최부잣집 고풍스러운 한옥 99칸 저택에서 왕세자를 위한 발굴 축하 한식 만찬 연회가 열렸다. 이 자리에서 조선총독부 발굴 책임자인 고이즈미小泉 顯夫는 "폐하 나라 스웨덴의 한자명인 서전국瑞典國의 이름을 따 이 고분 이름을 서전총으로 하겠습니다"라고 했다.

그러자 왕세자는 정색을 하며 "천 년이 넘는 신라의 찬란한 왕실 무덤을 내 나라 이름으로 할 수 없다. 금관에 봉황 문양이 있으니 봉황대로 하는 것이 좋겠다"라고 했다. 이에 머쓱해진 고이즈미는 "그러면 서전국 '서' 자와 봉황의 '봉' 자를 따서 서봉총瑞鳳塚으로 하겠습니다"라고 해 그대로 굳어졌다.

자전거 백야기행

과거를 알면 미래가 보인다

조선 총독 사이토는 귀국길에 오른 왕세자에게 고려청자를, 세자빈 루이즈에게는 출토품 순금 귀고리 한 쌍을 선물했다.

'누구 맘대로! 국권을 침탈한 것도 모자라 국보급 유물을 멋대로 나눠주다니!'

지금까지 참아왔던 분노가 치밀어올랐다. 그러나 이것은 공허한 메아리일 뿐, 영혼이 없어진 강토에 일제는 무슨 짓인들 못했겠는가. 답례품은 스웨덴 왕실이 잘 보관하고 있다니 다행이다. 해외로 유실된 보물이 어디 이것뿐이겠냐마는…. 언젠가는 모두 돌려받아야 할 조상의 값진 유산이다.

세상 여러 나라를 여행하다 보면 무심히 지나치는 곳이나 사물에서 우리의 쓰라린 과거를 발견하고는 전율을 느낄 때가 있다. 못난 후손 탓에 나라 빼앗긴 뼈저린 역사를 지구 반대편 이역에서 절감했다.

약 120년 전, 우리는 모화사상慕華思想에 빠져 세상 돌아가는 사정을 몰랐고, 또 알려고도 하지 않았다. 참담했던 시대의 아픔이 흐르는 세월 속에 용해되어 망각의 장으로 사라지려는 것이 안타깝다. 현재 우리를 둘러싸고 있는 국제 정세는 그때와 별반 다르지 않다. 분단으로 지정학적 어려움이 더 커진 것이 현실이다. 망국은 낡은 역사책 속의 한 페이지가 아니다. "역사는 반복된다"는 말이 맞다면, 내일 또다시 같은 일이 닥치지 않는다고 누가 장담하겠는가.

읍살라 대학 본관 입구

이공계가 강한 대학

이런저런 생각으로 하루 해가 짧게 느껴졌다.

석양이 비끼는 고분군을 뒤로하고 북유럽에서 가장 오래된 읍살라 대학을 향해 달리기 시작했다.

독서삼매경 중인 읍살라 대학생

유서 깊은 읍살라 대학Uppsala Universitet은 대형 캠퍼스가 아니어서 아담하고 고풍스러워 격조가 있었다. 따스한 햇볕을 쬐며 벤치에 앉아 독서삼매경에 빠진 학생들을 구경하는 것도 흥미로웠다. 나는 여행중 젊은이들과 곧잘 대화를 나눈다.

자전거 백야기행

그 나라가 직면한 현실을 가감 없이 들을 수 있기 때문이다. 내 여행의 의미를 더해주는 그 시간을 나는 사랑한다.

캠퍼스 벤치에서 한 아리따운 학생이 진지하게 책을 보고 있었다. 다음 시간에 중요한 시험이 있는 것 같았다. 대화를 나눠볼까 하다가 단념하고 사진만 한 장 찍었다. 양해를 구했음은 물론이다.

1477년에 설립되어 이미 세계적 명문 대학으로 평판이 높은 이 학교는 이공계가 강하다. 물리, 생화학 부문에서 8명의 노벨상 수상자들이 나왔다.

이 학교 출신 천문학자 셀시우스는 현재 세계적으로 널리 쓰는 섭씨온도의 계량법을 창안해냈다. 미국만 예외로 독일인 파렌하이트가 창안한 화씨 눈금[F]을 사용하고 있다.

'식물학의 아버지'라 불리는 린네Carl Von Linne, 1707~1778 역시 이 학교 출신으로, 최초로 인간과 동물을 동일한 방식으로 분류했다. 그의 저서 〈자연의 체계Systema Nature〉에 의하면, 모든 동식물을 종種-속屬-과科

린네 동상과 린네 박물관

-목目-강綱-문門-계界 등으로 정의하는 생물분류학을 창시했다.

그는 움살라 대학교에서 의학을 전공했다. 박사학위를 취득해 개업의도 했다. 그러나 어릴 적부터 꽃과 나무를 사랑했으며, 정원에서 시간 보내는 것을 좋아했다. 결국 식물학에 대한 미련을 버리지 못해 의사를 그만두고 이 방면에 몰두, 수많은 저술을 남겼다.

나는 '좋아하는 것을 하면 성공한다'는 평범한 진리를 되새기며 린네 박물관을 거닐었다. 박물관은 원래는 대학 부설 식물원장 사택으로 지어졌다. 린네는 이곳에 거주하며 강의를 했고, 부속 정원은 그의 식물 실험실이었다. 아직까지도 식물 수백 종이 자라고 있으며, 당연히 린네식 표기로 이름표가 붙어 있다.

우리가 노벨상을 못 받는 이유

다시 스톡홀름으로 돌아왔다. 스웨덴에서 마지막 여정으로 대광장Stortoget에 있는 알프레드 노벨 박물관을 찾았다. 그의 업적을 기억하는 전당, 스톡홀름에서 빼놓을 수 없는 곳이다. 실내로 들어가니 노벨상 역사 및 수상자들에 관한 자료가 잘 전시되어 있다.

타의 추종을 거부하는 권위와 우리가 가장 열망하는 노벨상. 매년 찬 바람 부는 겨울 문턱에 스웨덴 한림원 발표에 기대를 걸어보지만 "올해도 혹시나 했지만 역시…" 하며 넘어가는 데 타성이 붙고

노벨 박물관 전경

말았다. 2000년 김대중 전 대통령이 한국인 최초로 평화상은 받았지만, 내가 말하는 것은 과학이나 의학 부문이다. 옆 나라 일본은 총 29명일본계 4인 포함의 수상자를 보유해 세계 5위이고, 과학 분야 노벨상만 25명이다.

물리학상 후보에 몇 번 오른 적이 있는 포항공대 임지순 석좌교수. 그는 이론물리학자로 탄소나노튜브Carbon nanotube 최고 전문가다. 머리카락보다 가늘고 긴 이것을 여러 가닥을 한데 묶으면 반도체가 된다는 사실을 발견했다. 이 공로로 미국과학학술원NAS에 한국인 최초로 종신회원이 되었다. 최근에는 수소에너지를 실용화하는 데 연구를 거듭하고 있다.

임 교수는 '우리가 무엇이 모자라서 매년 고배를 마시는지' 이렇게 진단했다.

"기초과학을 하면 낙오자 취급받는 사회 분위기가 없어져야 한다. 나아가 국가에서 충분한 지원을 받고 좋은 일자리도 얻을 수 있다는 인식이 젊은 과학도에게 뿌리 내려야 한다. 조바심을 버리고 길게 봐야 한다."

오직 '안전'에만 몰두

인본주의자 알프레드 노벨

노벨은 어떤 인물이며, 무슨 이유로 세계적으로 칭송받는 상을 제정한 것일까?

노벨은 임마누엘 노벨의 여덟 자녀 중 넷째로 1833년 스톡홀름에서 태어났다. 부친은 토목, 건축업을 비롯, 광산기계, 폭약 제조 등 여러 방면의 기술자였다.

노벨은 아홉 살에 부친을 따라 러시아 상트페테르부르크에 이주했다. '크리미아 전쟁' 군수물자 납품 관련 사업 때문이었다. 노벨은 한 곳에서 정식 학교 교육은 받지 못하고, 아버지를 따라 유럽 여러 나라를 떠돌며 독학으로 성장해갔다.

그는 특히 화공 분야에 관심이 많았다. 어릴 적 보고 들은 것이 많아서일까. 폭약 원리에 흥미를 느끼고 연구를 시작했다. 당시 흑색 폭약은 제어장치가 없어 사고가 빈발했다. 발파 지점을 뚫어 폭약을 쑤

셔 넣을 때 바로 폭발하곤 했다. 1864, 그가 운영하던 공장이 폭발하여 동생 에밀 노벨 및 동업자 5명이 목숨을 잃는 아픔을 겪었다.

이후 노벨은 오직 안전성 연구에 몰두했다. 드디어 1867년, 니트로글리세린을 투과성이 높은 규조토에 흡수시켜 건조하여 금속용기에 넣고 뇌관을 사용하면 안전하다는 것을 알아냈다. 용기가 깨져 흘러 나간 니트로글리세린이 규조토에 스며들어 굳어지는 것을 그냥 지나 치지 않았다. 안전에 몰두한 집념의 결과였다.

그는 이 '대발견'을 특허 출원키로 한다. 원래 특허명을 '노벨의 안 전 폭약Nobel's Safety Powder'으로 신청하려 했지만 주위에서 너무 평이하 다는 건의를 받아들인 끝에 그리스어로 '힘'을 뜻하는 디나미스dynamis 를 변형, '다이너마이트'로 바꾸었다.

"죽음의 상인, 노벨 죽다"

이것이 대박을 쳤다. 무엇을 하든 이름을 잘 지어야 성공함은 동서 고금을 통틀어 변함이 없나보다. 노벨은 다이너마이트 특허를 계기로 부단한 노력을 경주, 더 강력하고 안전한 젤라틴을 고안해냈다.

19세기는 제국주의 전성 시대. 세계 도처에서 전쟁, 분쟁, 침공이 잦 았다. 그에 따른 철도, 항만, 운하, 광산 등 건설이 활발했다. 젤라틴은 군수산업용, 인마살상용 폭탄을 비롯해 토목공사 발파용으로 불티나 게 팔려 노벨은 엄청난 부를 축적하게 된다.

세상일은 꼭 의도한 대로만 되지 않는다. 세계사의 흐름을 바꾼 대사건도 우연에서 기인된 경우가 많다. 1888년 형 루트비히 노벨이 죽자 신문 기사는 "죽음의 상인, 알프레드 노벨 죽다"라고 발표했다. 오보였지만 노벨이 받은 충격은 컸다.

평소 노벨은 문학과 시에도 관심이 많았고 감성이 풍부한 인본주의자였다. 술과 담배, 사교계 등을 멀리하며 건전한 생활로 늘 연구와 발명, 사색에 시간을 보냈다. 이윤만 추구하는 냉혹한 사업가는 아니었다.

"내가 죽음의 상인이라니…"

55세에 접한 '가짜뉴스' 후 노벨은 여러 해를 자책하고 고심했다. 의도했던, 그렇지 않았던, 그것은 문제가 아니었다. 수많은 사람의 죽음으로 돈을 벌었다는 말은 죽은 후에라도 듣고 싶지 않았다.

최후가 가까워졌음을 예감이라도 한 것일까. 1895년, 내용을 아무에게도 알리지 않은 채 유언장을 작성했다. 그는 평생 독신이었다. 1896년 12월 10일, 이탈리아 산레모 별장에서 심근경색으로 숨을 거둘 때도 혼자였다.

그는 유럽 각국에 흩어져 있는 수십 개의 폭약, 군수용 폭탄 제조 기업을 남겼다. 후사는 없지만 형제자매가 많았던 그에게는 수많은 친인척들이 있었다. 과연 누가 이 회사들을 상속받을지가 세간의 큰 관심사였다.

이즈음 유언장을 보관해오던 프랑스의 한 은행이 노벨의 유언 내용을 전격 공개했다.

"내 유산 전부를 스웨덴 아카데미^{한림원}에 헌납하고, 그 이자로 상을 제정해 인류 복지와 평화에 구체적으로 공헌한 사람에게 나눠주기 바란다."

유언장의 내용은 세상의 예상을 뒤엎었다. 상속자는 물론 일반 국민조차도 "왜 노벨이 이룩한 부를 남의 나라 사람들에게 주어야 하나?"며 불만을 표시했다. 그러나 법적 효력을 가진 유언장 앞에 모두 침묵할 수밖에 없었다. 다국적 기업이니만큼 재산을 정리하는 데 무려 5년이나 걸렸다.

1901년, 드디어 스웨덴 한림원은 노벨 기일에 맞춰 첫 상을 시상하기에 이른다. 물리학상^{X-레이를 발견한 뢴트겐,} 평화상^{국제적십자사를 창설한 앙리 뒤낭,} 화학상, 의학상, 문학상 등 5개 부문이었다. 1969년에 경제학상이 추가, 현재 6개 부문이 되었다.

노벨상 시상식에서 수여되는 메달

후회 없는 삶이란 가능한가?

치열했던 삶, 부와 명예, 죽어서 영원히 사는 사람, 유언장….
노벨 박물관을 나오며 여러 생각들이 떠올랐다. 나는 노벨처럼 위
대한 사람은 아니지만 죽음은 누구에게나 공평하게 다가오고, 그렇기
때문에 미리 준비해야 한다는 사실은 알고 있다.
또한 죽음에 대해 네 가지 분명한 사실도 알고 있다.

첫째, 언제 죽을지 모른다.
둘째, 어떻게 죽을지 모른다.
셋째, 어디서 죽을지 모른다.
넷째, 아무것도 갖고 갈 수 없다.

나 또한 내 유언장을 무엇으로 채울지 진지하게 답할 시간이 머지
않았다. 나는 나를 속박하는 모든 것에서 벗어나는 '자유'를 꿈꾸었
다. 가슴 뛰는 삶을 살기 위해 자전거 세계여행으로 인생 후반전을 열
었다. 두 바퀴에 몸을 싣고 하늘을 벗 삼고 동가숙 서가식하며 세상의
길바닥을 달린 지 20여 년. 얻은 것이 무엇인가….

'다시 태어나도 지금 인생과 똑같이 살아야겠다'고 다짐하며 오늘
도 전력을 다해 페달을 밟는다. 그래도 심연에 똬리를 틀고 있는 기
갈은 채워지지 않는다. 내가 없는 세상, 나와 인연을 맺은 사람들에게
나는 어떻게 기억될까?

세상에 나왔을 때 나는 울음을 터뜨렸지만, 사람들은 기뻐했다. 내가 기쁜 마음으로 관 속으로 들어갈 때 누가 울어줄까. 정답 없는 인생, 무엇을 유언장에 채워야 하나….

만리 객창^{客窓}에서 느끼는 나그네의 심정은 오늘 밤도 처연하다.

자전거 여행이 주는 가장 소중한 가치는 자유 아닐까.

Chapter 7

모험가의 나라
노르웨이

Kingdom of Norway

노르딕 3국 중 최북단에 자리한 노르웨이는 실로 자연의 제왕이다. 지금까지 러시아, 발틱 3국, 핀란드, 스웨덴 등 북유럽 여러 나라를 거쳐왔지만, 노르웨이의 자연은 단순히 아름답다는 표현을 넘어선다. 형용하기 힘들 만큼 웅장하고 영혼을 관통하는 힘이 있다. 무량한 시간, 빙하가 빚은 경이로운 피오르 해안이 북극해를 향해 장대하게 펼쳐져 있고, 하늘에는 '우주의 커튼' 오로라가 춤을 춘다. 자연만 수작이 아니다. 노르웨이에는 그들이 창조한 뛰어난 음악, 미술, 조각, 디자인 등 예술작품이 많다. 그리그, 뭉크, 비겔란이 독보적 존재로 자리 잡고 있다. 문학 또한 빠지지 않는다. 〈인형의 집〉을 쓴 입센을 비롯, 노벨문학상 수상자가 비에르손, 함순, 운센트 등 3인이나 된다. 그래서일까, 수도 오슬로에 있는 박물관과 미술관은 인구 대비 다른 어느 서유럽 도시를 능가한다. 비그되이 지역에 가면 노르웨이가 낳은 위대한 탐험가 3인방 아문센, 하이에르달, 난센을 만날 수 있다.

'북쪽으로 향하는 길', 노르웨이

나라 이름은 Northernway, '북쪽으로 향하는 길'이란 뜻이다.

초기 거주민이 서부 해안을 따라 북쪽으로 향하는 항로를 '노르게 Norge'라 부른 데서 유래되었다. 이 나라 역사는 바이킹과 궤를 같이한다. 바이킹이란 9세기에서 12세기경까지 영국을 비롯, 유럽 해안지역을 유린한 호전적인 해적이었다. 그들은 이미 항해술과 뛰어난 조선 기술이 있었다. 북해의 거친 파도를 견디기 위해 폭은 좁고 전장이 긴 배 '롱십Longship'을 만들어 무리 없이 원거리 항해를 나갈 수 있었다. 중세 북유럽 문학의 한 장르인 사가Saga에 나오는 구절이다.

"우리는 좋은 전리품을 약탈할 수 있는 해안이라면 어디든 간다. 우리는 강인하며 목숨 건 해전도 마다하지 않는다. 지구상 그 어떤 자도 두려워하지 않는다."

바이킹 최강자가 통일된 왕국을 이루었지만, 1397년 칼마르 동맹

　　　　　　　　　　　　자전거 백야기행

노르웨이 사람은 여느 스칸디나비아 사람들보다 여유롭다. 그래서 더 순박한가?

Kalmar Union 으로 덴마크에 복속된다. 1814년에는 다시 스웨덴에 합병되는 비운을 맞는다. 1905년에 하콘Haakon 7세는 국민투표로 입헌군주국 형태로 독립을 선포한다. 1939년 2차 세계대전의 기운이 감돌자 중립국을 선언했으나 소용없었다. 1940년 나치 독일군이 침공, 점령당해 고초를 겪었다. 북유럽 국가 중에서는 핀란드와 더불어 힘든 지난날이었다.

노르웨이는 겨울 스포츠 강국이다. 남녀노소 누구든 춥다고 위축되지 않는다. 특히 스키는 다른 나라의 추종을 불허하는 종주국이다. 우스갯말로 노르웨이 신생아는 '스키를 발에 달고 태어난다'고 한다. 스키의 어원은 '눈 위에 신는 신발'이란 뜻의 노르웨이 말이다. 등에 메

세계문화유산에 등재된 베르겐 역사지구의 독특한 목조 건물

는 작은 배낭, 류섹Rygg Sekk은 영어가 아닌 역시 노르웨이 말이다. 스키 탈 때 양손에 스틱을 쥐어야 하기 때문이다.

1994년 릴레함메르 동계올림픽을 성공적으로 치러내며 준우승을 차지했고, 2018년 평창 동계올림픽에선 종합 우승이라는 쾌거를 이뤄냈다.

바이킹 핏속에 면면히 내려오던 DNA는 세월이 흐르면서 문명화되어 많은 탐험가, 모험가를 낳았다. 노르웨이는 근대에 들어서면서 주위 환경을 극복하고 척박한 국토를 가꾸었다. 그 토대 위에 문화와 예술, 스포츠를 꽃피우고 조선, 철강, 기계, 관광산업 등으로 경제적인 국부도 이루었다. 때마침 북해에서 대규모 유전 발견으로 세계가 부러워하는 복지국가로 오늘에 이르렀다.

'우리는 전우일 뿐'

북유럽에서 남녀평등 사상이 유달리 강한 나라가 노르웨이다. 2003년, 공공기관 임원 40%를 여성으로 임명하는 '여성임원 할당제'를 도입했다. 또 몇 년 전 의회는 징병 대상을 여성으로 확대하는 법을 통과시켰다. 이는 매우 파격적인 일로 유럽 국가 중 처음이다. 18세 이상 여성이 대상이며, 복무 기간은 남자와 똑같이 1년이다. 여자라고 산악, 유격 등 힘든 육체훈련에서 열외는 없다.

병영에선 내무반도 남녀가 함께 사용한다. 남녀 병사가 등을 돌린 채 옷을 갈아입는 내무반 영상이 화제가 되기도 했다. 이들에겐 '우리는 전우일 뿐'이라는 생각이 지배적이다. 군 관계자의 설명이다.

"땀도 함께 흘리고 잠도 함께 잔다. 서로를 진솔하게 노출함으로써 인내심과 이해심이 향상된다. 남녀가 같은 공간에서 혼숙해도 성적 문제가 없는 것으로 나타났다. 24시간 함께 생활하면 서로를 이성으로 보는 감정이 옅어지고, 우정과 전우애가 더 커진다."

우리나라는 언제 이런 날이 올까…. 일면 부럽기도 하지만, 우리는 우열의 문제가 아닌 문화적 차이가 이런 결과에 이른다는 데 주목해야 한다.

과거 뉴질랜드를 여행할 때의 기억이 떠올랐다. 남섬의 국립공원에서 한 호스텔에 들었을 때 일이다. 양쪽에 2층 침대가 놓여 있는 4인용 방을 배정받았다. 방에는 독일인 1명, 금발의 젊은 노르웨이 여성 2명이 먼저 자리 잡고 있었다. 속으론 약간 황당했지만 내색 않고 서로 반갑게 인사를 나누었다. "내가 나이가 제일 많으니 방장이다. '취임 기념'으로 맥주를 쏘겠다!" 하니 그들은 환호성을 질렀다.

화기애애한 분위기에 여행 이야기로 꽃을 피우다 밤이 깊었다.

"좋은 밤!" 인사를 교환하고 침대에 누웠다. 그런데 그들은 팬티만 걸치고 잠자리에 드는 것이 아닌가! 서구인들은 잘 때 거의 옷을 입지 않는다. 희미한 취침등 아래 그들의 자태가 야릇했다.

물론 밤새 아무 일(?)도 일어나지 않았다. 나 혼자만 잠을 설친 듯했다. 익숙하지 않은 상황, '이상한 밤'이라고 생각한 내가 이상한 사람이었다.

'국립의료원'의 탄생

1950년 6월 25일 새벽, 북한 공산군의 남침으로 전쟁이 발발했다. 이때 북유럽 3개국노르웨이, 스웨덴, 덴마크은 신속히 의료진과 병원선, 그리고 의약품과 의료장비를 보내왔다. 전투부대 파병은 아니었지만 인도적 차원에서 도움을 아끼지 않았다.

1953년, 전쟁은 끝났지만 전상자와 피난민 환자들이 거리에 넘쳐났다. 정부는 세 나라에 의료지원 활동을 계속해줄 것을 요청했다. 그 결과 1958년 '국립의료원'을 세우고 전쟁 부상자와 민간인의 진료를 이어갔다. 이 병원은 우리 의료 역사에 한 획을 그었고, 더 나아가 한국-노르웨이 친선의 이정표가 되었다.

노르웨이 139명, 스웨덴 134명, 덴마크 94인의 의료진이 있던 국립의료원의 의료 수준은 한국을 넘어 동양 최고였다. 또한 살아갈 길이 막막한 전쟁 고아들을 많이도 보듬었다. 이들은 의술을 넘어 인술人術을 펼쳤다.

바쁘게 살다 보면 우리는 정작 중요한 것을 잊어버리거나 그냥 지나칠 때가 있다. 공산 침략에 맞서 자유 수호를 위해 세계 여러 나라에서 앞다투어 한국을 도왔다. 현재 우리가 '가볍게' 보는 나라-에티오피아, 필리핀, 태국-의 젊은이들이 고귀한 목숨을 바쳤다.

어려울 때 진 빚, 이들이 우리에게 베푼 고마움과 희생을 우리는 기억해야만 한다. 진정한 우정은 어려울 때 그 빛을 발한다. 나는 여행할 때, 특히 전투부대를 파병한 참전 16개국을 방문하면 우선적으로 그 흔적을 찾아 먼 이국땅에서 숨져간 젊은 넋들을 위로하곤 했다.

베풂의 선순환

전쟁통에 상처 입은 어린 몸으로 노르웨이에 와서 성공한 사업가 이철호 씨. 한국인이 노르웨이에서 '라면왕'이 된 인생역전 스토리는 여행 중 내게 큰 감동으로 다가왔다.

소년은 피난통에 가족과 헤어지고, 폭격으로 큰 부상을 입었다. 국립의료원에서 노르웨이 의료진으로부터 치료를 받

노르웨이 라면왕 이철호 씨

았으나 상처가 심해 대수술을 해야만 했다. 의료진의 배려로 노르웨이에 건너가 여러 차례 수술 끝에 건강을 되찾았다.

그러나 이역만리 낯선 곳에서 소년은 생존하기 위해 숱한 고생을 겪어야만 했다. 화장실 청소부, 벨보이, 단역배우 등 닥치는 대로 일했다. 그래도 배고플 때는 새 모이를 물에 불려 먹었고, 그나마 식당에서 설거지하며 남은 음식을 먹을 때는 행복했다고 술회했다.

영양실조를 견디며 겨우 모은 돈으로 시작한 사업은 실패와 좌절의 연속이었다. 야심차게 시작한 한국식 라면 사업이 노르웨이 사람들 입맛에 맞지 않았던 것이다. 하지만 연구를 거듭한 끝에 결국 그들의 입맛을 사로잡는 라면 수프 개발에 성공했다. 그것이 성장의 발판이 되었다.

라면은 불티나게 팔려 'Mr. Lee 라면'은 노르웨이에서 판매되는 라면의 대명사가 되었다. 한때 시장 점유율이 무려 90%를 차지한 적도 있을 정도였다.

그의 별명은 '라면왕'. 김대중 전 대통령이 노벨평화상 수상자로 결정되었을 때, 노르웨이 언론 매체들은 "미스터 리가 태어난 나라의 대통령!"이라며 환호했다고 한다. 그의 입지전적 성공담은 노르웨이 교과서에도 실렸고, 2004년에는 '자랑스러운 노르웨이인 상'을 받았다.

그는 2018년 세상을 떠났다. 죽음을 앞두고 '라면왕'은 그간 모은 재산을 사회에 기부, 많은 찬사를 받았다. 그는 노르웨이로부터 받은 선행 그대로 돌려주고 영면에 들었다.

"자진해서 진 짐은 무겁지 않다"

9월 중순인데 벌써 아침, 저녁으로 제법 한기가 몸속에 파고든다. 이런 반면, 백야 현상으로 해는 길어 저녁 무렵에도 느긋하게 다닐 수 있어 자전거 여행하기는 좋았다.

수도 오슬로에서 야영장 구하기가 마땅치 않아 시내에서 비교적 가

천진난만한 노르웨이 아이들

까운 스토가타Storgata 53번가에 있는 안케르 호스텔Anker Hostel에 여장
을 풀었다.

노르웨이의 고물가는 북유럽에서도 알아준다. 맥도날드 '빅맥'이 3
만 원, 작은 생수가 5천 원, 캔 맥주 작은 것이 1만 원 정도다. 호스텔
1박도 5만 원 선이다. 이 정도면 서유럽의 1.5배, 러시아나 발틱 3국의
두 배가 넘는다.

나는 여행할 때 경비를 최대 절약 모드로 전환한다. 그렇다고 볼 것,
가볼 곳을 생략하지는 않는다. 혹시 내 여행기를 읽고 해외 자전거 여
행을 계획하는 젊은이들을 생각해서다.

장거리 자전거 여행이란 무게 줄이기와의 싸움이다. 스페인 속담에
"긴 여행에 지푸라기도 무겁다"는 말이 있다. 나는 서울에서 짐을 꾸

노르웨이에서 맛볼 수 있는 순록 햄버거

릴 때 칫솔도 줄 수 있을 만큼만 남기고 잘라버린다. 단 몇 그램이라도 수천km를 이동했다면 그 힘의 총량은 상당할 것이다.

또 자전거는 수납 공간과 실을 수 있는 무게가 한정되어 있다. 그래도 노르웨이 여행 중에는 대형마트에서 식품을 넉넉히 구입했다. 발품이든 자전거품이든 다 팔아 유통기간 만료 직전 제품을 반값^{흑은 무료}으로 살 수 있는 곳을 우선 알아낸다. 이런 식품도 건강엔 전혀 지장이 없다.

짐이 무거우면 전진 속도가 늦지만 '더 운동이 된다'라는 긍정적인 마음가짐을 가진다. 또한 자진해서 진 짐은 무겁지 않으므로 비용을 절약할 수 있다면 '몸으로 때우기'를 마다하지 않는다.

나는 여행 중에 가끔 "기와 한 장 아끼려다 대들보 썩는다"는 우리 속담을 떠올린다. 그럴 땐 뷔페식당을 찾아 영양 보충을 하곤 했다. 노르웨이에서 뷔페식당 방문은 내게 각별한 의미로 다가왔다.

뷔페의 유래

뷔페란 식사 주최자로서는 적은 노동력으로 많은 사람을 접대할 수 있어 좋다.

초대받은 사람은 눈치 보지 않고 이것저것 좋아하는 음식을 골라 배불리 먹을 수 있어 합리적이다. 이 '방식'이 우리에게 전해진 것은 1950년대 후반부터이다. 국립의료원 구내에 '스칸디나

북유럽 바이킹들의 식사에서 유래된 뷔페 상차림

비안 클럽Scandinavian Club'이라는 뷔페식 식당이 한국 최초였다.

뷔페의 원천은 과거 노르웨이나 스웨덴, 바이킹의 회식에서 비롯되었다. 스웨덴어로 뷔페는 스모르 가스 보르드Smor-gas-bord이다. Smor-빵, gas-육류, bord-테이블을 의미한다. 과거 북유럽 바이킹은 한번 항해를 나가면 몇 달은 보통이었다. 목숨을 건 거친 바다에서 고향 음식이 간절했을 것이다.

이들이 주린 배를 부여잡고 귀국할 때, 여러 가족들이 해변가에 술과 함께 각종 음식을 긴 상 위에 잔뜩 올려놓고 기다렸다. 돌아온 바이킹은 그간 먹고 싶은 음식들을 골라 먹으며 재회의 회식을 즐겼다고 한다. 이 때문에 바이킹과 뷔페는 같은 의미로 굳어버렸다. 그래서일까. 일본도 우리와 같이 '바이킹 뷔페'란 간판을 걸고 영업하는 식당이 많다.

뭉크 미술관

뭉크 미술관

1049년 하랄 왕이 세운 오슬로Oslo는 북유럽에서 가장 오래된 수도다. 17세기 크리스티안 4세가 도시를 재정비하고 자신의 이름을 따 '크리스티아나'로 바꿨다. 1905년 하콘 7세가 스웨덴으로부터 독립을 쟁취하자 본래 이름 오슬로를 되찾았다.

오슬로는 수려한 자연과 함께 수준 높은 미술관과 박물관이 많아 인간이 창조한 아름다운 예술품을 감상할 수 있다.

숙소에 짐을 맡겨두고 단출한 자전거 행장으로 숙소를 나섰다. 자전거에 핸들바 백만 부착하고 등에는 배낭을 멨다. 짐이 없더라도 나는 꼭 배낭을 메는 습관이 있다. 그 이유는 낙차落車했을 때 배낭과 헬

자전거 백야기행

멧이 충격을 받아주어 일단 중상은 면할 수 있기 때문이다.

먼저 미술과 문학에 뚜렷한 족적을 남긴 뭉크와 입센의 흔적을 찾아보기로 했다. 시 외곽 남쪽에 있는 에르바르드 뭉크Edvard Munch, 1863~1944 미술관을 향해 페달을 밟았다.

오슬로는 생각보다 언덕이 많아 힘들지만 자전거 타기는 쾌적한 환경이다. 투명한 하늘과 청정한 공기는 물론 자전거 전용도로가 잘 갖추어져 있고, 시민들도 이방인 라이더에 대해 친절했다.

땀깨나 빼며 몇 개 언덕을 오르내린 끝에 퇴엔 지역에 도착했다. 이 일대는 뭉크가 살아생전 애착을 가지고 자주 방문했던 곳이다. 하급 노동자들의 숙소와 군 막사가 있던 지역으로, 그는 '사람 냄새가 나는' 그런 그림을 그리기를 좋아했다.

〈절규〉, 캔버스에 유채, 1895년

〈사춘기〉, 캔버스에 유채, 1894~1895년

미술관은 뭉크 탄생 100주년을 기념해 1963년 문을 열었다. 대표작
〈절규The Scream〉와 벌거벗은 소녀를 묘사한 〈사춘기Pubertet〉가 미술관
전면을 장식하고 있다. 아담한 단층에 400평 정도의 전시 공간이 있
다. '국민 화가'의 미술관치고는 옹색한 느낌을 준다.

실질을 중시하는 노르웨이 사람들이지만 새로운 시대에 발맞추어
시내 중심가에 더 큰 건물을 신축하고 있다고 한다. 그는 워낙 다작이
었기 때문에 아직까지도 창고에 미전시 작품이 수두룩하다고 한다.

내부 관람 분위기는 자유로웠다. 관리인도 보이지 않고, 작품 바로
앞에서 카메라 플래시를 터뜨려도 제지하는 사람이 없다. 의외였다.
두 번이나 수난을 당했는데도 말이다.

1994년에 〈절규〉가 도난당해 노르웨이가 발칵 뒤집어졌다. 3개월
후 경찰이 구매자를 가장한 함정수사로 되찾았다. 2004년에는 백주
대낮에 두 명의 복면강도가 미술관에 침입, 이 작품을 훔쳐갔으나 2
년 후에 극적으로 되찾았다. 너무나도 유명 작품이라 더 이상 절도 시
도는 없으리라 본다.

밝혀진 진실, '미친 사람만 그릴 수 있는…'

뭉크, 그는 '공포의 작가'다. 여느 미술관에서 전쟁 때 살육 장면이
나 순교자 처형 장면을 보더라도 이것보다는 덜 공포감을 느낄 것 같
다. 수난 많았던 〈절규〉 말이다.

뭉크 미술관의 자유로운 내부 관람 분위기

　작품은 인간의 불안과 두려움, 고독을 극대화했다. 붉은 하늘 아래 난간에 홀로 선 부유 유령 같은 인간이 환청이 들리는 듯 양쪽 귀에 손을 대고 필사적 비명을 지르고 있다. 자연은 '절규'를 듣고 저 너머 핏빛 하늘로 메아리를 던질 뿐 위안을 주지 않는다.

　뭉크는 작가 노트에 이렇게 쓰고 있다.

　"두 친구와 함께 길을 거닐고 있었다. 해가 저물었다. 나는 우울해졌다. 죽을 것만 같은 피곤이 몰려와 난간에 몸을 기댔다. 하늘에는 핏빛 구름이 타오르고 있었다.
　친구는 계속 걸어가고 나는 무서움에 떨었다. 그때 자연을 관통하는 끊임없는 비명이 들려왔다."

　나는 과거에 사진으로 이 작품을 처음 보았을 때, 또 오늘 직접 와

'실물'을 자세히 뜯어보아도 작가는 보통 사람의 정신세계 소유자는 아니라는 것을 직감했다. 그의 그림 중에는 이런 부류의 작품들이 많다. 5살 때 어머니를 결핵으로 잃고, 누이도 같은 병으로 죽었다. 연이어 남동생마저 죽었다. 누이동생은 우울증으로 정신병원에서 삶을 마쳤다. 어린 시절을 가득 채운 죽음의 공포와 고통스런 질병이 주는 불안은 평생 그를 사로잡았다.

그런 것들이 작품 속에 녹아들어 중요한 주제가 되었다. 〈병든 아이와 죽은 어머니〉 같은 작품이 대표적 예이다. 뭉크 역시 신경증, 천식, 류머티즘 등으로 고통스런 삶을 살았다. 그는 죽을 때까지 미혼이었다. 오직 창작활동에만 에너지를 소모했다.

작가는 자신의 상처받은 삶을 작품에 투영시켰다. 그리고 그림 상단 왼쪽 구석에 '미친 사람에 의해서만 그릴 수 있는'이라는 글귀를 써놓았다. 그동안 미술평론가 사이에 문제의 이 글귀를 '누가 언제 썼느냐'로 논쟁이 이어져왔다. 누군가 작품의 가치를 떨어뜨리기 위해 적었다는 주장이 우세했다.

최근 뭉크 미술관의 큐레이터 마이브리트 굴렝이 최첨단 적외선 스캐너로 뭉크 필적임을 확인, 그동안의 논란을 잠재웠다.

여권 신장의 기폭제

미술관을 나와 입센 기념관을 향해 페달을 밟았다.

조용하고 소박한 오슬로 거리

그곳에 가려면 오슬로 시내를 관통해야만 한다. 신호등에 수시로 걸려 멈춰 서야 했지만, 그 덕분에 시내 구경하기는 안성맞춤이었다. 차 속에서는 무심코 지나치는 것들도 안장 위에서는 눈으로, 가슴으로 들어온다.

기념관은 입센이 살던 집을 약간 개조해 그대로 쓰고 있었다. 그가 글 쓰던 서재는 그대로 보존되어 있고, 다른 방들도 살던 당시 유행했던 색과 스타일로 꾸며져 있다.

내가 노르웨이를 처음 알게 된 것은 입센Henrik Ibsen, 1828~1906 때문이었다. 중학 시절로 기억하는데, 대표적 작품 〈인형의 집A Doll's House〉을 접하고부터다. 3막으로 된 이 희곡은 1879년 출판되고, 같은 해 코펜하겐 왕립극장에서 초연됐다. 지금까지 세계에서 가장 많이 공연된 희곡 중의 하나이다. 그래서 입센에 대해 "영국의 셰익스피어에 비견

작고 아담한 입센 기념관

되는 작가"란 말까지 나왔다.

입센은 불합리한 사회 문제를 다룬 희곡을 많이 발표했다. 〈인형의 집〉은 고착된 사회 인습이 어떻게 여성의 성장과 자유를 억압하는지를 진지하게 다룬 작품이다.

자기 의견 없이 남편이 시키는 대로 순종하며 살던 유부녀가 '자아 실현을 위해 가정을 버린다'는 테마는 노르웨이 연극계뿐 아니라 전 유럽에 격렬한 논쟁을 불러일으켰다. 유럽이라 해도 140년 전이면 철저한 남성 위주의 사회가 아니었겠나. 이 한 편의 희곡이 기폭제가 되어 유럽 여성운동에 큰 영향을 주었다.

이렇듯 노르웨이는 유럽 여느 나라보다 여권 신장 사상이 일찍 뿌리를 내렸다. 최근의 '여성 군 징집제'와도 무관치 않다.

"쾅!" 문은 닫히고…

주인공 노라는 평범한 주부였다.

세 자녀를 둔 엄마로서 자기를 '새장 속 새'처럼 아껴주는 변호사 남편 헬머와 즐겁게 살고 있었다. 부부간의 말 못할 속사정은 있었겠지만 일단 외견상은 그랬다. 그러나 8년간의 결혼생활에서 조금씩 커져온 여러 가지 갈등의 골은 드디어 종말로 치닫는다.

가부장적인 헬머는 가정 문제로 노라에게 서슴지 않고 막말을 퍼붓는다.

"당신은 나의 행복을 앗아갔어. 나의 미래까지도. 이제 끝장이야!"

드디어 '귀여운 새'로만 살아온 노라가 드디어 입을 열어 충격적 승부수를 던진다.

"좋아요, 나는 이제 '인형의 집'을 떠나 세상 밖으로 나갈 거예요. 당신의 자유를 위해서라도!"

이에 헬머는 가정을 버리는 것은 종교나 사회규범에 어긋나는 것은 물론 아내 본연의 임무를 저버리는 행위라고 설득한다. 그리고 심한 말에 대해 사과했지만 그녀의 결심은 확고했다. 자기는 아내, 엄마이기 이전에 한 인간이기 때문에 이런 결혼생활은 더 이상 지탱할 수 없다는 것을 확실하게 밝힌다.

그 증거로 결혼반지를 헬머에게 돌려주고 자기가 준 반지를 돌려받는다. 그리고 그녀는 '결연히' 집을 나가버린다. 거칠게 문 닫는 소리는 19세기 유럽을 풍미하던 낭만주의를 저물게 하고, 여권 신장론에 입각한 사실주의realism의 문을 여는 신호탄이 되었다.

입센은 부유한 사업가 집안에서 태어나 초년은 유복했다. 그러나 가세가 기울어 힘든 청년기를 보냈다. 생활비를 벌기 위해 몇 군데 희곡을 투고하여 호평을 받았다. 자신의 글재주를 발견한 그는 작가로 나설 것을 결심하고 글쓰기에 매진했다.

만약 입센이 유복한 가정에서 아무 시련 없이 성장해 사회에 나왔다면? 지금과 같이 노르웨이는 물론 세계적으로 주목받는 인물과는 거리가 멀 것이라 나는 감히 단언한다.

가슴속에 오래 묻어놓았던 이런 생각이 떠올랐다.

'내가 인생에서 저지른 가장 큰 실수는 즐겨 잘하는 일을 직업으로 선택하려 노력하지 않았다는 것이다. 일찌감치 나 자신의 능력을 간파하고 그 길로 한 우물을 팠더라면 한결 더 멋진 인생길을 걷고 있지 않았을까.'

노년사고老年四苦란 말이 있다. 병고病苦, 빈고貧苦, 고독고孤獨苦, 무위고無爲苦가 그것이다. 노년에 육신이 아픈 것은 말할 것도 없고, 가난과 외로움과 할일 없음은 큰 문제란 말이다. 내 주변에서도 초년 운은 좋았지만 고달픈 노후를 보내는 경우를 어렵지 않게 본다. 끝이 좋으면 지나온 과정도 다 좋아 보인다.

나는 인생 후반 삶을 여생餘生이 아니라 후반생이라 말하고 싶다. 생의 주기로 보면 내리막길 같지만, 지금까지 전혀 생각하지 못했던 다

오슬로 해변에서 사랑의 밀어를 나누는 연인

른 세상을 향해 새 인생이 시작되는 때다.

  미국의 기업가 프리드먼은 저서 〈encore^{앙코르}〉에서 의미 있는 일을 선택하여 후반생을 살아가는 사람들을 세 가지 유형으로 분류했다. 첫째, 전문성에 입각하여 삶의 양식만 바꾸는 커리어 재활용자 career recycler, 둘째, 완전히 다른 영역으로 옮겨가는 커리어 변환자^{career changer}, 셋째, 오래된 꿈을 인생 후반부에 실현하는 커리어 생산자^{career maker}.

돌의 마술사, 비겔란

어제에 이어 오늘은 걸출한 조각가를 찾아보고, 노르웨이인의 뛰어난 건축물을 돌아보기 위해 바삐 페달을 돌렸다.

오슬로를 방문하는 사람이라면 시외곽 프롱네르 공원Frogner paken은 꼭 한 번 돌아볼 만한 곳이다. 이곳은 일반 공원과는 다르다. 하루 종일을 보내도 전혀 시간이 아깝지 않다. 30만 m²가 넘는 공원 안에 조각가 비겔란Gustav Vigeland, 1869~1943의 야외 조각 전시장이 있기 때문이다. 그래서 '비겔란 조각공원'이라고도 불린다. 시에서

비겔란 조각공원에 있는 비겔란 동상

운영하는 이곳에 그의 역작 212점이 전시되어 있다.

비겔란은 뭉크와 거의 동시대를 살았다. 뭉크가 그랬듯, 비겔란도 죽으면서 작품 전부를-물론 소유했던 조각상, 형판, 스케치 등을 남김없이 오슬로 시에 기증했다.

목수의 아들로 태어난 비겔란은 젊은 날 프랑스에서 유학했다. 그때 대가 로댕으로부터 조각을 배우면서 조각가의 길을 걸었다. 전시장에 청동 제품도 있기는 하지만 돌이 주류를 이룬다. 그는 인간의 칠

정七情인 희로애락애오욕喜怒哀樂愛惡慾을 주제로 돌을 다듬었다. 탄생에서 죽음까지 변하는 과정을 돌에 새겼다고 보면 된다.

작품 중 가장 사랑받는 작품으로는 시나타겐Sinatagen, '화난 꼬마'. 모델이 된 꼬마에게 맛있게 먹는 초콜릿을 일부러 빼앗아 발을 구르며 우는 모습을 형상화했다고 한다. 여기에는 이런 일화가 있다. 어느 날 꼬마의 다리가 절단돼 사라진 사건이 발생했다. 전 시민이 나서 시내를 뒤진 결과 어느 쓰레기통에서

비겔란 조각공원의 명물, 시나타겐

찾아냈다. 정성껏 접합수술한 결과 '건강'을 회복했다.

모노리탄Monolitten은 크기나 정교함에 있어 대표적인 작품이다. 뜻은 '하나의 돌'이란 의미로 거대한 화강암 덩어리를 통째로 깎은 것이다. 어디 접합점이 있는지 눈을 크게 뜨고 봐도 없다. 17m 높이에 무게가 자그마치 270톤! 여기에 무명無明 속에 허덕이는 121가지 인간 군상을 조각해놓았다.

서로 얽히고설켜 이전투구하는 모습은 인간의 헛된 욕망을 나타내고 있다. 밑에서는 잘 보이지 않았지만 맨 꼭대기에는 아기가 조각되어 있다. 순수한 영혼만이 정상에 도달할 수 있다는 의미를 담고 있다

비겔란 조각공원의 상징, 모노리탄

고 추측해보았다.

비겔란은 이 작품 하나에 14년이나 매달렸다고 한다. 크기와 높이에 우선 놀랐고, 섬세하기가 밀가루 반죽인들 이렇게 할 수가 있을까 생각하니 탄성이 절로 나왔다.

과거 이탈리아를 여행할 때 바티칸 베드로 대성당에서 '피에타Pieta'를 보았다. 성모 마리아가 죽은 예수를 안고 슬퍼하는 조각상으로, 15세기에 거장 미켈란젤로가 신으로부터 영감을 받아 제작했다는 불후의 명작이다. 대리석을 깎아 하늘거리는 성모의 옷자락이 마치 잔잔한 호수의 파문 같았다. 신내림 손길 같은 그 정교함이란! 한참을 넋 놓고 감상하던 그때가 떠올랐다.

자전거 백야기행

비겔란 조각공원의 작품들

건축가의 상상력이란!

2008년 완공된 오슬로 오페라 하우스는 매력적인 외관을 자랑한다. 초현대식 느낌을 주는 도시의 아이콘 격인 건물이다. 누구에게나 친근한 공간으로 많은 사람들이 여기를 찾는다. 오슬로 중앙역 바로 뒤, 해변에 위치해 자전거는 물론 접근성이 용이하다. 여기에 오는 사람이 꼭 오페라 감상이나 발레 공연을 본다는 말은 아니다.

건물이 마치 바다 위에 떠 있는 거대한 각진 빙산을 연상케 한다. 빙하가 깎아 만들어진 피오르 해안, 즉 노르웨이 콘셉트와 절묘한 조화를 이룬다. 외부는 36,000개의 이탈리아산 대리석과 화강암 사이사이 메탈이 퍼즐처럼 맞춰져 있다. 내부는 독일산 참나무를 써서 유려한 곡선으로 아늑한 느낌을 준다.

무엇보다 '개방된 지붕'이 특징이다. 자전거는 올라갈 수 없어 안전한 곳에 자물쇠를 채워두고 걸어서 올라갔다.

오슬로 오페라 하우스

선물은 지상층에서 옥상까지 경사면을 따라 걸어 올라갈 수 있도록 설계되었다. 그러니까 누구나 지붕에 올라가 거닐며 바다를 조망하고 일광욕을 즐길 수 있다는 말이다. 일출이나 석양 감상은 물론 심지어 대중 콘서트도 열린다고 한다. 인간친화적 건물이 전하는 메시지가 그저 부러울 따름이었다.

다음으로 찾은 곳은 오슬로 시청사(Radhus). 오슬로 정도 900주년을 기념해 1950년 완공된 건물이다. '두 개의 갈색 치즈'란 별칭이 붙은 외관은 붉은 벽돌조 건물로 평범하다('Brown Cheese'는 단맛이 나는 노르웨이 특산품 중 하나다).

그러나 내부에 들어가면 생각이 확 달라진다. 설계 시부터 대규모 예술작품을 전시할 것을 염두에 두었다. 예술을 통해 고단했던 역사를 표현하고 노르웨이인이 추구하는 가치를 표현하고자 했다.

청사 밖에도 다양한 분야의 노동자상들이 있는데, 이는 노르웨이가

오슬로 시청사

시청사 메인 홀. 여기서 노벨평화상 수여식이 열린다.

노동자 중심 국가라는 것을 말해준다. 건물 중앙부에 백조상이 세워진 분수가 있다. 백조는 노르웨이의 국조國鳥다.

1층 메인 홀에 들어서니 마치 미술관 같은 느낌을 준다. 뭉크를 비롯해 노르웨이를 대표하는 화가 크로크Krohg, 롤프센Rolfsen 등의 화려하고도 거대한 프레스코화벽화가 나를 압도한다. 작가는 "우리나라가 지향하는 이상적 사회의 모습"이라 했다. 이곳은 시민을 위해 연 400여 회 행사가 열리는 공간이다. 또한 월 1회 무료 결혼식장으로도 시민에게 대여한다.

무엇보다 이 공간은 내게 익숙했다. 매년 12월 10일이 되면 노벨평화상 수여식장으로 조명을 받는 곳이기 때문이다. 노벨상 중에서도 백미인 평화상, 수상자에게는 얼마나 화려하고 자랑스러운 장소이겠는가! 김대중 전 대통령도 2000년 바로 이 자리에서 상을 받았다.

죽은 자는 말이 없다

마지막으로 찾은 곳은 노벨평화센터Nobels Fredssenter. 시청사와 가까운 곳에 있다. 안에 들어가니 상을 창시한 알프레드 노벨의 일생은 물론, 1901년부터 현재까지의 노벨평화상 수상자를 일목요연하게 전시하고 있다. 그 이미지를 번쩍거리는 하이테크 전광판으로 비춘다는 것이 특이했다.

지구촌에서 거의 매일 일어나는 전쟁, 테러, 부상, 살육, 가난과 기

노벨평화센터(왼쪽), 탈레반의 여인에 대한 잔혹 행위(평화센터 내 기록사진)

아, 난민, 동물학대 등 인권 사각지대에서 핀 꽃이 바로 평화상이다. 이와 관련해 전시된 사진들을 보니 가슴이 아려왔다. '아직도 지구촌에 불행한 사람들이 이렇게 많구나….' 사진이 어찌나 '리얼'한지 콧날이 시큰함은 나뿐 아니라 여기 온 관람객 모두의 공통된 감정일 것이다. 여기서 떠오른 한 생각, 노르웨이인에게서 평화를 사랑하는 '특별함'을 느꼈다.

노벨상은 모두 6개 부문이다. 5개 부분인 화학상, 물리학상, 생리의학상, 문학상, 경제학상 등은 노벨의 나라, 스웨덴 스톡홀름에서 준다. 그런데 나머지 하나, 평화상만 왜 여기서 수여할까?

나는 늘 이것이 궁금했다. 여기에는 여러 가지 설이 있다.

노벨이 생존했을 당시에는 스웨덴이 노르웨이를 합병한 상태라서 양국 관계가 당연 껄끄러웠다. 그래서 평화주의자인 노벨이 노르웨이를 배려했다는 설이다. 또 다른 설은 평소 노르웨이 정부와 국회가 국제분쟁 중재에 특별한 관심을 기울여 세계 평화에 이바지한 점을 높이 평가해 그런 결정을 내렸다는 것이다.

이 숙제를 해결하기 위해 노벨평화센터까지 왔다면 과장된 표현일까.
'현장에 답이 있다.' 누가 했는지 모르지만 이 말은 철칙이다. 내 오
랜 의문도 이곳에서 풀렸다. 홀 안내데스크에 근무하는 직원에게 여
행 목적을 말한 후 정중하게 질문했다.
"왜 평화상만 여기서 줍니까?"
"저도 알 수 없지요. 노벨 유언장에 그렇게 적혀 있기 때문이에요."

어디에 살든 행복하길…

숙소로 돌아가는 도중 어느 한적한 주택가 공터에서 한국 아동 두
명을 만났다. 뜻밖이었다. 노르웨이 아이들과 섞여 노르웨이어를 구
사하며 신나게 놀고 있는 것이 아닌가. 나는 입양아임을 직감하고 한
국어, 영어로 말을 걸었지만 통하지 않았다.
잠시 후 아이들의 아버지가 나타나 반갑게 인사를 나누고 대화를
시작했다. 한센이라 소개한 그는 "두 아이는 돌 전에 한국에서 입양해
온 프레데릭 군과 데이빗"이라고 했다.
한센 씨는 온화한 용모에 영어도 유창했다. 아이들을 입양 자식 둘. 친자
식 셋 불러모으고는 나에 대해 이야기했다. 자세한 의미를 알 수 없지
만, 자전거를 가리키며 "저 아저씨처럼 용감하고 멋지게 커야 한다"
정도로 이해했다.

한국인 입양아 프레데릭과 데이빗, 그리고 아버지 한센 씨

그는 또 나에게 프레데릭과 데이빗의 고국에서 온 '어른'으로서 격려의 말을 해달라고 청했다. 복잡하고 미묘한 감정이 떠올랐지만 애써 담담한 표정을 지었다. "좋아하는 것을 열심히 하고, 공정한 마음을 가지고 사회에 꼭 필요한 사람이 되기 바란다." 그리곤 '뿌리'를 잊지 말라는 말을 하려다 동심에 상처를 줄까봐 그만두었다.

헤어질 시간이 왔다. 나는 자기 자식이 셋이나 있음에도 기독교적 박애정신으로 두 아이를 입양한 한센 씨에게 진정으로 감사의 인사를 했다. 그리고 허그hug로 두 녀석과 아쉬운 작별의 인사를 하고는 슬픈 표정을 보이기 싫어 서둘러 안장에 올랐다.

자전거 백야기행

전 세계 198개국 중 꼴찌

현재 해외에 입양된 한국 아동 수는 얼마나 될까?

정확한 숫자는 아무도 모른다. 미국을 비롯하여 독일, 프랑스, 스웨덴, 노르웨이, 네덜란드, 스위스 등지에 약 5만여 명 정도로 추산할 뿐이다. 정부 당국자는 흩어져 있는 수많은 한국 입양아들에 대해 어떻게 살아왔고 어떻게 살아갈 것인지 아는 것도 없지만, 알려고도 하지 않는다.

다만 정부 지원을 받는 한 민간단체에서 1995년 7월에 '유럽 한인 입양 청년대회'를 개최한 바 있다. 주최자는 이런 소견을 피력했다.

"대부분의 입양아들이 한국에 대해 철저하게 무관심하고 애써 외면한다. 20% 정도는 나이가 들면서 자신의 혈통이 한국인임을 깨닫고 한국과 관련된 문제에 관심을 가진다. 나머지 극소수는 자신이 한국인임을 자랑스럽게 생각하며 양부모의 허락하에 조국으로 돌아가 살고 싶어 한다."

과거 세계 제1위의 '고아 수출국'이라는 오명의 원천은 6·25전쟁이었다. 그때는 아이에게나 국가는 '해외 입양 가는 것'이 최선이었는지도 모른다. 적어도 70년대 후반까지 이 길을 걸었다. "우리도 한번 잘 살아보세!"라는 한에 찬 노래를 부르던 개발도상국일 때였다. 이제는 아니다. 중진국을 넘어 선진국 대열에 합류하려 한다.

나는 6·25 전쟁통에 세상에 나온 '동란둥이'다. 그해 출생아 수는 80만 명 정도로 기억한다. 1970년에 100만을 돌파했다가 최근 마지

노선 30만 명 선이 무너졌다. 급기야 출산율이 유엔인구기금^{UNFPA}의 2020년 6월 집계에서 0.84로 세계 198개국 중 최하위를 기록했다. 출산율이란 가임여성^{15~49세}이 평생 낳을 수 있는 신생아 수를 말한다.

현재 늙어 죽는 사람이 신생아 수를 넘어섰다. 처음으로 '인구 자연 감소' 사태가 발생했다. 자동차, 반도체, 휴대폰 잘 만드는 것도 물론 중요하다. 그보다 더 심대한 문제는 국가 미래를 내다보는 지도자의 통찰력 부족으로 국력이 쇠퇴해갈 위험에 처해 있다는 사실이다. 이는 당장이 아닌 역사가 증명하는 차후 문제이기 때문이다.

내가 젊은 날 10여 년을 보낸 아프리카 땅, 그곳 미개 토인 부족의 위세는 '땅'보다 '머릿수'가 우선하는 개념이었다. 불원간 우리도 그렇게 될 것이다. 외국 아이들이라도 입양해야 할 판이다. 이제라도 미혼모 기아들의 해외 입양을 법으로 금지하고 국내 입양을 서둘러야 한다. 아니면 국가에서 군복무를 마치고 사회에 진출해 배우자를 만날 때까지 국가가 책임지고 보듬어야 한다.

정신적 퇴행은 최대한 억제하자!

오슬로 하늘은 잿빛 두꺼운 구름으로 덮여 있다. 북유럽 날씨의 전형같이 어둡고 비도 간간이 흩뿌리는 음산한 날씨다. 거리에 사람이 없다. 활기차야 할 수도가 전원도시같이 조용했다.

나만 두고 다 어디로 떠났나….

헌데 그게 아니었다. 카페나 식당 안을 들여다보니 사람들로 가득 차 있었다. '다 여기 들어앉아 이야기꽃을 피우고 있구나….'

이런 날은 밟는 페달에 힘이 가해지지 않는다. 서울에 있다면 작은 새우나 오징어를 넣은 기름 자글자글한 부추전에 막걸리 한 잔 생각 나는 그런 날씨다.'

북구의 우울'인가, 아니면 내 마음이 멜랑콜리해져서일까. 여정의 마지막 나라라서 그런지도 모른다.

그간 발틱 3국부터 러시아, 핀란드, 스웨덴을 거쳐 왔으니 피로가 바벨탑처럼 축적되었다. 러시아에서는 긴장의 연속이었다. 언어소통의 문제가 주요인이었다. 그러나 모든 것을 갖춘 노르딕 국가 역시 힘 들기는 마찬가지였다. 고물가, 완벽한 풍광, 태양을 즐기는 육덕 좋은

오슬로 거리에서

여인들의 몸매까지!

집 떠난 지 두 달 반이 되어간다. 자고 일어나면 몸이 무거운 날이 많아졌다. 피로회복이 잘 안 된다는 얘기다. 충전 시간이 오래 걸리는 배터리는 미련 없이 버려왔는데…. 생각이 여기까지 미치자 서글픔이 밀려왔다.

문득 내 나이를 떠올렸다. 인생이라는 영화에서 주연은 이미 지났고, 지금은 조연이다. 좀 더 지나면 엑스트라가 되고, 드디어는 장외로 사라진다. 생물학적 변화를 깡그리 무시할 순 없지만, 나이 드는 것을 '쇠퇴'로 받아들이면 실제로 더 퇴보한다는 것을 나는 알고 있다.

바로 지금 이때가 최선!

이럴 때는 장소를 확 바꾸어보면 세상이 달라 보이기도 한다. 옛 선현이 설파한 '更無時節 卽時現今^{갱무시절 즉시현금}'이란 말을 떠올렸다. 바로 지금 이때가 최선이란 뜻.

가자, 지금! 빙하의 도시 베르겐으로!

곧바로 여행안내소를 찾았다.

"거리는 500km인데 도로가 좁아 위험할뿐더러 터널은 통과할 수 없으니 자전거는 단념하는 것이 좋다"고 조언한다. 여기에 "300개의 교량과 182개의 터널이 있으니 버스보다는 기차를 추천한다"

고 덧붙였다.

'교량과 터널이 많다면 풍광이 빼어나다는 의미인데….'

아쉬움을 뒤로하고 기차로 결정했다.

오슬로-베르겐 구간을 달리는 기차는 'The Bergen Railway'라 하여 세계적으로 알려져 있다. 권위 있는 〈내셔널 지오그래픽〉지가 선정한 '꿈의 세계로 달리는 기차여행' 추천 구간이기도 하다. 참고로 이 잡지는 이것 외에 스위스 체르마트에서 생 모리츠까지 다니는 빙하 특급열차The Glacier Express, 스웨덴 모라에서 갈바레까지 운행하는 인란즈바난 열차The Inlandsbanan Railway, 영국-프랑스-스위스-이탈리아를 관통하는 베니스 심플론 오리엔트 익스프레스Venice Simplon Orient Express, 터키 이스탄불에서 가지안테프까지 가는 토러스 익스프레스Taurus Express 등을 꼽았다.

오슬로 중앙역에서 시간표를 알아보니 야간열차밖에 없다. 창밖에 어리는 풍광은 볼 수 없어 아쉽지만 '흐린 하늘 탓'으로 돌리니 마음이 편해졌다. 긍정의 힘이다. 현실적인 계산으로도 하룻밤 숙박비를 절약하고 도착지 베르겐에서 아침부터 다닐 수 있으니 나쁘지 않다.

화물칸이 따로 없어 자전거는 원칙상 적재 불가지만 부피를 최소화하는 조건으로 실을 수 있었다. 우선 7개 짐가방을 분리했다. 앞·뒷바퀴, 페달, seat post, 핸들바를 분해해 자전거 휴대용 가방에 넣어야만 했다. '자전거 천국'이라는 북유럽에서 자전거와 함께 기차 탑승이 이렇게 어려울 줄은 미처 몰랐다.

'노르웨이의 쇼팽' 그리그

비 내리는 야간열차도 밤배처럼 운치 있었다.

다들 잠든 조용한 차 안에서 스마트폰에 들어 있는 그리그 작곡의
⟨솔베이지의 노래Solveig's Song⟩를 들으니 저절로 상념에 빠져든다.

그의 서정적인 음악을 듣고 있노라면 우거진 삼림 사이로 난 노르
웨이의 호숫가 오솔길을 걷는 기분이다. 그리그는 "자연에 구원이 있
다"라고 말할 정도로 조국 노르웨이의 자연을 사랑했고, 그 아름다움
을 음악으로 녹여냈다.

'노르웨이의 쇼팽'이라 불리는 에드바르드 그리그Edvard Grieg,
1843~1907. 그의 이름 앞에는 늘 '민족음악가'란 수식어가 따라다닌다.
당시 노르웨이는 덴마크와 스웨덴으로부터 약소국이 겪는 설움을 받
고 있을 때였다.

그리그는 소프라노 가수였던 어머니에게서 어린 시절부터 음악적
자질을 키웠다. 15살에 독일 라이프치히 음악원에 유학했지만 늘 고
향 생각에 젖었다. 학업이 끝나자 바로 베르겐에 돌아와 본격적인 음
악 활동을 시작했다. 병약했지만 24살에 연상의 사촌누이 니나와 결
혼해 안정을 찾았다. 그러나 기쁨도 잠시, 딸이 태어났으나 두 살 때
이별하는 비운을 맞았다. 그후로는 자식이 없었다. '근친혼의 비극'이
라 나는 추측한다.

그는 슬픔을 작품 활동으로 승화시켰다. 니나 역시 소프라노 가수

로 동반자 역할을 충실히 해냈다. 그리그는 '베르겐 음악제'를 창설하는 등 고향에 대한 애정이 각별했다.

만년에는 베르겐 교외 호수가 내려다보이는 경치 좋은 곳에 '트롤하우겐Trollhaugen'이라는 작은 집을 짓고 요양하며 마지막 음악 열정을 불태웠다.

트롤이란 북유럽 전설에 등장하는 도깨비다. 기묘한 인간 형상을 하고 깊은 산 동굴이나 오두막에 사는데, 우리 호돌이처럼 국민적 사랑을

에르바르드 그리그 상

악상이 절로 떠오를 듯한 그리그의 집

받는 캐릭터이다. 그리그는 자신을 트롤에 빗댄 것이 아닐까. 결국 그 집에서 니나와 함께 영면에 들었다.

기차는 밤을 잊은 채 베르겐을 향해 달리고 있다.

이제는 익숙해진 혼숙

베르겐역에 도착하니 하늘이 맑다.

이곳 역시 흐리거나 비바람 부는 악천후로 정평이 난 곳이다. 지금쯤 오슬로에는 비가 오고 있을 테니….

적어도 오늘만은 내 상황 판단이 적중했다. 우선 스마트폰으로 예약한 '호스텔 베르겐 반드레르엠 YMCA'를 찾았다. 8인실짜리 방이 1박에 Nkr300^{45,000원 정도}이니 저렴하다고는 할 수 없다. 그래도 시내 중심가에 위치해 교통이 편리하고^{물론 나와는 상관없지만}, 주방 시설이나 공용 거실이 깔끔했다.

호스텔은 보통 층별로 남녀를 구분한다. 그러나 이 호스텔은 남녀 혼숙이었다. 북유럽은 이런 숙소가 꽤 있다. 처음엔 상당한 문화적 충격이었지만 이제는 제법 '학습'되어서 괜찮다. 한밤에 깨어나 반라의 남녀들이 '천연덕스럽게' 자고 있는 것을 보아도 무심하니 말이다.

배정받은 방에 들어가 짐을 풀었다.

위층의 침대 주인은 에구치 미치요^{江口 道代}라는 중년의 일본 여성이었다. 동양인 솔로 여행자가 거의 없는 북유럽인지라 우리는 반갑게 이야기를 나누었다. 용감해서일까, 독립심이 강해서일까. 일본 여성은 노소 관계없이 '홀로 여행자'가 많다. 유독 내 눈에 자주 띄는 것은 내가 솔로 바이커이기 때문일 것이다.

그녀는 세계지도에 표시한 여행 루트를 보여주며 "6개월간 배낭 메고 전 세계를 홀로 여행한다"고 했다. 내가 엄지척을 했더니 그녀는 미소 지으며 "아리가토! 지텐샤 료코카白轉車 旅行家, 그대야말로 진정한 여행자!"라고 하며 역시 두 손을 들어 엄지척으로 화답했다.

오래된 동화 속 도시

인구 25만 명 정도의 베르겐은 아름다운 동화 속의 도시다. 디즈니 애니메이션 영화 〈겨울왕국〉을 본 사람이라면 베르겐 풍경이 익숙할지도 모른다. 아른델 왕국의 모티브가 됐던 장소이기 때문이다.

베르겐은 작고 야트막한 언덕에 피오르Fjord, 영어로는 Sound로 둘러싸여 있다. 피오르는 '내륙 깊이 들어온 좁은 만뿅'이란 뜻으로, 빙하기에 강물이 얼고 녹기를 반복하면서 침식된 계곡에 바닷물이 들어와 생성된 지형을 말한다.

세계적으로 피오르가 유명한 곳이 두 군데 있다.

여기서 좀 떨어진 송네 피오르Songne Fjord와 뉴질랜드 남섬에 있는 밀퍼드 사운드Milford Sound가 바로 그곳이다. 두 곳 다 숨이 멎을 듯 절승에 탄성이 절로 나왔고, 거대한 자연의 힘 앞에 경외심으로 숙연해졌던 기억이 새롭다. 어디가 더 멋지냐고 묻는다면 나는 대답하기 어렵다. 아빠가 좋으냐, 엄마가 좋으냐는 식의 우문이기 때문이다.

오슬로에 자리를 넘겨주기 전까지 베르겐은 노르웨이 왕국의 수도였다. 11세기 올라프 국왕이 도시를 건설했고, 13세기 독일 주요 무역

피오르가 만든 베르겐 전경

항들이 '한자동맹'을 결성할 때 이곳도 한몫을 담당했으니 역사와 전통이 깊다. 무엇보다 이곳은 노르웨이가 낳은 위대한 의학자의 고향이다.

베르겐에서 떠오른 비운의 시인

죄명은 문둥이…
이건 참 어처구니없는 벌이올시다
아무 법문에 어느 조항에도 없는
내 죄를 변호할 길이 없다
옛날부터
사람이 지은 죄는
사람으로 하여금 벌을 받게 했다
그러나 나를
아무도 없는 이 하늘 밖에 세워놓고
죄명은 문둥이…
이건 참 어처구니없는 벌이올시다.

〈罪〉, 한하운

불행한 삶을 살다 간 한하운韓何雲, 1919~1975 시인의 한 맺힌 시가 떠올랐다. 문둥이라는 천형天刑을 짊어지고 강제 '인간 폐업'을 당했던 시인. 슬픔과 좌절로 굴곡진 삶을 살면서도 시의 세계에서 생명 의지를 불태웠다.

"나는 나는 죽어서 파랑새 되어, 푸른 하늘 푸른 들 날아다니며, 푸른 노래 푸른 울음 울어 예으리…."

성서에까지 나오는 나병은 인류 역사와 함께할 정도로 오래되었다. 영화 〈벤허〉에서 벤허의 어머니와 누이동생이 이 병에 걸렸지만 '기적의 비'로 치유되는 장면이 나온다.

영화가 아닌 현실에서 이 병에 걸리면 어떻게 되는 것일까?

이 병에 걸린 사람은 피부가 부란腐爛. 짓물러 터짐되고 결국에는 말단 부위, 즉 코, 손가락, 발가락 등이 떨어져나간다. 무서운 병이다. 그런데 더 안타까운 것은 통증을 느끼지 못한다.

옛사람들은 치료는 물론 원인조차 몰랐지만, 이 병은 유전되고 전염성이 강하다는 것은 알았다. 그래서 과거 많은 사람들은 이 병을 '신의 저주'처럼 취급해서 환자는 물론 가족까지 특정 구역에 격리시켰다. 환자의 자녀가 태어나면 무조건 미감아未感兒라 하여 격리시켰다.

(과거 소록도 수용소의 경우 면회를 월 1회로 제한했다. 그것도 잠깐뿐.)

오랜 세월이 흐른 1871년에서야 이 병의 정체가 밝혀졌다. 이곳 출신의 의사 게르하르트 헨리크 한센 Gerhard Henrik Hansen이 환자 결절 조

나병 균을 발견한 한센 박사

직에서 세균이 모여 있는 것을 발견하고는 'Bacillus leprae'라 명명했다. 나병은 유전이 아니라 전염병임을 증명한 것이다.

그의 업적을 기려 이 병을 '한센병'이라고도 부른다. 한센은 베르겐 의과대학과 유럽에서 가장 크다는 '베르겐 한센인 요양원'에서 사랑과 봉사 정신으로 나병 연구에 평생을 바쳤다,

한자동맹 박물관에서

'항구'란 뜻을 가진 브뤼겐Bryggen 지역을 찾았다.

이름에서 베르겐이 이곳을 중심으로 발전해왔음을 알 수 있다. 브뤼겐 전체가 역사지구로 유네스코 세계유산에 등재되어 있다. 전체라고 해봐야 15,000m² 정도의 면적에 61채 목조 건물이 밀집해 있다. 뾰족한 지붕 형태는 12세기의 독특한 건축 양식인데, 현재 '베르겐의 상징'으로 자리매김했다.

옛사람의 흔적을 찾아보기 위해 한자동맹 박물관Hanseatisk Museum을 찾았다. 1704년 축조 당시 외관은 중세 분위기를 뿜어낸다. 실내 역시 무역통제관과 상인들이 생활했던 공간과 문구, 장부, 물물거래한 내용을 적은 칠판, 직인 등 낡고 때 묻은 것들을 그대로 재현해놓았다.

발을 디딜 때마다 삐걱거리는 마룻바닥 역시 옛날 것 그대로임을 말해준다. 과거 일본 교토 니조조二條城를 방문했을 때의 생각이 떠올랐다. 거기서도 발걸음을 옮길 때마다 마룻바닥이 삐걱거리는 소리가

났는데 원래 설계가 그랬다고 했다. 소음은 야밤에 침입하는 암살자를 대비한 '조기 경보장치' 역할을 했다.

천장에 말린 커다란 대구들이 걸려 있다. 완전 '미라'지만 무와 파, 마늘을 넣고 오래 푹 삶으면 '대구탕'이 될 정도로 외형은 완벽해 보였다. 장난기가 발동해 관리인에게 물었다.

"몇 년이나 건조했을까요? 배가 고파 먹음직스러운데요!"

"한자동맹 때부터 건조되었으니 최소 100시간은 끓여야 할 겁니다. 3, 4일만 참으시죠!"

나의 농담을 멋지게 받아친 노르웨이 사람다운 유머 감각이다.

먹는 이야기 때문이었나, 배가 출출해 요기를 위해 박물관을 나왔다. 서둘러 부둣가 토르게 어시장을 찾았다. 관광안내 책자에는 요란하게 선전하고 있지만 실제로 거닐어보니 작은 규모여서 실망스러웠다. 약간 과장하면, 인천 소래 어시장의 50분의 1도 안 되는 규모지만 가격은 5배 정도다. 어시장 좌판이라고 얕보면 큰 코다친다.

토르게 어시장. 무척 싱싱해 먹음직스럽다.

내 생애 행복했던 시간은?

노르웨이의 고물가는 상상을 뛰어넘는다. 포장마차에 서서 한 끼 때우는 데도 서유럽의 괜찮은 레스토랑과 비슷한 금액을 지출해야 했다. 토르게 어시장은 분위기는 없지만 오는 사람 가는 사람 구경하며 신선한 북해 연어나 대구, 새우, 홍합 등을 맛볼 수 있었다.

속이 든든해지자 베르겐을 한눈에 조망할 수 있는 '플뢰위엔Floyen'을 향해 페달을 돌렸다. 해발 320m이니 높은 산은 아니지만 경사도는 좀 센 편이고, 중간중간 아담하고 전망 좋은 마을이 수시로 나타나 자전거로 오르는 즐거움이 배가되었다. 일반 관광객이라면 돈을 내고 '푸니쿨라'라는 등산열차를 타고 오르면 된다. 걸어서 오른다면 왕복

멀리 산 정상에 플뢰위엔 전망대가 보인다.

전망대에서 만난 자전거 동호인

2시간은 잡아야 할 것 같다.

간밤에 잠을 설쳐 머리가 아프고 몸이 무거웠는데, 경치 좋은 숲길에서 입에 단내가 나도록 페달을 돌려 업힐을 하니 살 것만 같다. 그간 평지만 달리다 갑자기 심장에 강한 부하를 걸으니 정신이 혼미해지는 것 같았다. 그래도 땀 흘린 뒤 폐부에 스며드는 북해의 맑은 공기가 더없이 상쾌했다.

정상에 올라 전망대에 섰다. 아름다운 베르겐 항구와 잘 정비된 시가지의 모습이 한눈에 들어온다. 신이 빚은 피오르와 인간이 만든 건축물과 요트, 대형 유람선이 조화롭다. 고개를 들어 멀리 수평선을 바라보니 빙하의 침식으로 만들어진 작은 섬들이 떠 있다. 혼자 보기 너무 아깝구나…. 생각은 멀리 서울 가족에게로 날아갔다.

애마와 함께 오른 지구 최북단. 장엄한 자연 속에서 순간이나마 행복감이 밀려왔다. 내 생애 행복했던 날은 얼마나 될까, 아니 몇 시간….

행복은 순간이다. 그것을 느끼는 순간 곧바로 추억이 되어버린다.

자전거는 여행의 정점을 향해 달린다!

오슬로에 다시 왔다.

이곳에서 긴 여행의 마침표를 찍고 귀국할 계획을 세웠다. 러시아를 시작으로 에스토니아, 라트비아, 리투아니아, 핀란드, 스웨덴 등 숨가쁘게 달려왔다.

그간 심신에 축적된 피로를 풀어야 하지만, 아직 중요한 한 곳이 남아 있다. 가장 맛있는 음식은 맨 나중에 먹는다고 했던가. 바로 오슬로 외곽에 위치한 돌출부 비그되이 반도Bygdøy Peninsula다. 여기에 노르웨이 옛 문화와 탐험 영웅들의 모험의 역사를 기리는 각종 박물관들이 포진해 있다. 내가 그토록 그리던 이곳이 이번 북유럽 여행의 하이라이트가 될 것이라 직감했다.

먼저 바이킹 박물관The Viking Ship Museum에 들렀다. 박물관 안에는 배 세 척이 전시되어 있다. 사진으로 익히 보아왔던 눈에 익은 바이킹 해적선들이었다. 오세베르그호Oseberg, 고크슈타드호Gokstad, 튠호tune 등 배 이름이 모두 출토된 지방 이름이다.

뱃머리가 돌돌 말려 높은음자리 형태로 보이지만, 자세히 보니 정교하게 똬리를 튼 뱀 형상 장식이었다. 오세베르그호인데, 843년에 건조되었고 1904년 출토되었다. 길이는 21.5m, 폭은 5m, 정원은 30명 정도. 1,200여 년 전에 이런 규모의 배를 만들었다니, 바이킹의 조선 능력이 놀랍다.

이 배는 무덤, 즉 선장船葬, ship burials으로 사용되다가 발굴되었다. 선

바이킹 박물관에 있는 선장선. 부장품은 뼈 조각만 남아 있을 뿐 거의 도굴되었다.

장은 당시 장례의식이었다. 바이킹은 사람이 죽으면 영혼이 배를 타고 다른 세계로 간다고 믿었다. 배에 망자와 함께 다음 생에 필요한 물품들을 같이 묻었다. 소나 개 등의 짐승 뼈도 출토된 것으로 보아 지체 높은 귀족 무덤으로, 순장 풍습이 존재했음을 보여준다. 또한 지배층에게 생사여탈권을 장악당한 다수의 피지배층이 존재했다는 증거이기도 하다.

노르웨이 탐험가 열전

인간은 끊임없이 미지의 세계를 동경하며 도전해왔다. 도전은 극복을 전제로 한다.

19세기 말에 이르자 세계지도는 거의 마무리되어 빈 곳이라고는 북극과 남극뿐이었다. 당시 유럽 열강들은 산업혁명의 결과로 엄청난 공산품 재고가 쌓여 판로 개척을 위해 혈안이 되어 있었다. 힘없는 나라를 강점해 식민지를 만들고는 싼값에 원료를 확보하고 제품을 비싸게 판매해 국부를 늘려나갔다.

20세기 초엽, 땅에서 하늘에서 바다에서 혹은 극지방에서 열강들의 '영역 경쟁'이 뜨거웠다. 총성 없는 전쟁이었다. 당시 노르웨이는 스웨덴에서 막 독립한 신생국이므로 열강 축에는 끼지 못했다. 척박한 험지에 생존의 뿌리를 내리는 일은 과거 유럽을 주름잡던 바이킹 해적의 전유물 아니었나.

그들 피에는 바이킹 유전인자가 면면히 내려오고 있다. 세계 탐험 역사에 대기록을 세운 세 사람이 있으니, 헤이에르달과 난센, 그리고 아문센이다. 유년 시절부터 전기를 찾아 읽고 지금까지 '인생 멘토'로 삼았던 사람들이다. 멘토의 족적을 찾아 이번의 긴 여정을 꿈꾸고, 벅찬 가슴으로 여정의 디테일을 준비했다.

바이킹 박물관을 나와 점심도 거른 채 '불굴의 3인방'의 흔적을 찾아 페달을 돌렸다. 헤이에르달의 콘티키 박물관Kon-tiki Museum과 난센과 아문센의 각종 탐험 장비 및 자료를 전시하고 있는 프람호 박물관Frammuseet이었다. 내가 만약 노르웨이에서 태어났다면 '이들 휘하의 조수쯤 했을지도 모른다'라는 엉뚱한 생각을 하면서….

원시 뗏목으로 태평양을 건너다!

노르웨이 탐험가 세 사람 중 첫 번째 인물은 토르 헤이에르달Thor Heyerdahl, 1914~2002이다. 그를 알기 위해 콘티키 박물관을 찾았다.

먼저 남태평양 이스터섬에 있는 거대한 모아이 석상 모형이 눈에 들어온다. 내부는 탐험 역사와 자료, 무엇보다 그가 사용했던 '태양의 아들'이란 뜻의 콘티키호가 전시되어 있다.

헤이에르달은 원래 탐험가가 아니었다. 인류 역사와 문명사에 관심이 많은 아마추어 고고인류학자였다. 호기심 많은 그는 문명이 어디에서 생성되고 어떻게 흘러와 정착, 발전했는지 파고들수록 의문은 커져만 갔다. 그가 남태평양 폴리네시아 섬들을 오가며 연구 활동을

콘티키 박물관 앞에 있는 거대한 모아이 석상

자신의 신념에 목숨을 걸었던 모험가 헤이에르달과 대형 뗏목 콘티키호

할 때였다. 그곳 거대 석상과 피라미드 등이 남아메리카에 존재하는
그것과 '매우 유사하다'며 의문을 품기 시작했다. 그때 한 늙은 원주
민의 말이 귀에 꽂혔다.

"우리 조상의 추장이자 태양신인 '콘티키'가 조상들을 이끌고 이곳
으로 와 정착했소. 원래 우리 종족은 바다 건너 동쪽 큰 나라에서 살
았단 말이오."

옛날 인디오가 페루를 장악하기 이전에 이미 '콘티키'라는 족장을
중심으로 문명이 형성돼 있었다는 전설이 내려오고 있었다.

헤이에르달은 오랜 연구를 통해 '큰 나라'가 남아메리카 페루라고
추정했다. "그 사람들이 페루에서 태평양의 무역풍과 해류를 타고 남
태평양 한가운데 섬으로 이주하지 않았을까" 하는 가설을 세웠다.

당시 학계에서도 페루와 남태평양 섬들의 문명 간에 유사점이 많다
는 사실은 인정하고 있었다. 문제는 그 옛날 수천km 떨어진 대양을
무슨 수로 이동했다는 말인가! 이 대목에서 학설은 제자리를 맴돌았
다. 헤이에르달은 자신이 세운 가설을 몸소 증명하기로 했다. 옛날과

같은 수단과 방법 그대로 바다를 건너기로 계획을 세웠다.

나는 그의 위대성이 여기에 있다고 본다.

그는 탐험가로서 신념에 목숨을 걸었다. 그의 뜻에 감동한 5명의 동지가 동참했다. 그들은 페루 밀림지대에서 구한 코르크보다 가벼운 발사나무로 큰 뗏목을 만들었다. 가로 13.5m, 세로 5.4m, 9m 돛대에 4.5×5.4m의 돛을 달았다. 비와 태양을 가리는 작은 선실도 하나 만들었다. 물론 못이나 철사 따위는 일절 쓰지 않고 대마 밧줄, 바나나 잎사귀, 갈대 등 옛 방식 그대로 만들었다.

1947년 4월 28일, '콘티키'로 명명된 대형 뗏목은 페루 카야오 항구를 떠났다. 훔볼트 해류를 따라 바람 방향만 잘 잡으면 항해에는 큰 문제가 없었다.

그러나 상어 떼를 만나 목숨을 건 사투를 벌이기도 하고, 어떤 날은 날치가 뗏목 위로 날아들어 힘 안 들이고 먹거리를 구하는 행운도 있었다. 뗏목에 붙은 삿갓조개와 바닷말을 뜯어먹는 것도 별미라 했다. 그래서일까, 먹을 것 걱정은 없었다고 헤이에르달은 회고했다. 그러나 태풍과 함께 덮친 8m짜리 대형 파도는 선실과 돛대를 쓸고 가버렸다. 탐험가로서 확고한 신념이 없었다면 이 같은 난관을 극복하기 어려웠을 것이다.

8월 5일, 사투 끝에 마침내 폴리네시아 라로이아섬에 도착했다. 100여 일간, 7천km의 목숨을 건 투쟁은 승리로 막을 내렸다.

반전이 일어났다.

40여 년이 흐르는 동안 생명과학은 눈부시게 발전했다. 1990년 폴리네시아 사람들의 DNA를 조사한 결과 인근 말레이반도 사람들이 조상이라는 것이 밝혀졌다. 이로써 헤이에르달이 주장한 페루 설은 '근거 없음'이라는 결론이 내려졌다.

하지만 나는 과정이 결론보다 중요하다고 생각한다. 목숨을 건 그의 한계에 대한 도전은 세계 탐험사에 금자탑을 세웠고, 역사 발전에 많은 기여를 했다.

'진짜 바이킹' 난센

유럽 사람은 북극해를 거쳐 아시아, 태평양으로 가는 길을 열고자 무진 노력했다. 포르투갈인이 개척한 기존 인도양 항로는 너무 멀어 무역의 경제성이 적었다.

1845년 북극항로를 열기 위해 떠난 130명이나 되는 프랭클린 대탐험대가 모두 얼어 죽는 참사가 발생했다. 이 두려운 북극해 문을 처음 연 사람은 '진짜 바이킹True Viking'이라 불리는 프리드쇼프 난센Fridtjof Nansen, 1861~1930이다.

그는 어렸을 때부터 모험가를 꿈꿨다. 스키나 스케이트, 사냥과 낚시 등 아웃도어 스포츠에 열광했는데, 이 모든 것들이 후일 탐험가로서 밑거름이 되었다.

또한 모험에 관련된 도구나 기구를 만드는 것이 취미였다. 그는 27살에 개가 끄는 썰매에 돛을 단 독창적인 '난센 썰매'를 만들었다. 이

북극해 탐험의 길을 연 팔방미인 난센. 오른쪽 사진은 프람호에서 내려 썰매를 끌고 가는 모습.

것으로 그린란드를 동에서 서로 가로지르는 데 성공하여 일약 노르웨이의 영웅으로 떠올랐다.

이를 계기로 북극항로 개척에 더욱 매진하게 된다. 우선 타고 갈 배를 몸소 설계하고 제작했다. 북극해에 무수히 떠다니는 부빙浮氷에 견디기 위한 특수선이었다. 3년에 걸쳐 만든 배의 이름은 프람Fram, 노르웨이 어로 '전진'이란 뜻호. 길이 39m, 배수량 800톤에 220마력의 엔진을 장착했다.

1893년 6월 24일, 프람호는 장도에 올랐다.

탐험대원 13명을 태우고 오슬로항을 출항, 북동항로 개척을 위해 선수를 북쪽으로 향했다. 9월 22일 배는 북위 78°50′, 동경 133°37′ 지점에서 얼음에 둘러싸인 채로 얼어붙어 긴 표류를 시작했다. 그러나 배는 완벽하게 빙압을 견뎌냈다. 난센은 프람호가 계속 안전하게 표류하는 것에 만족했다. 그는 언제나 예측할 수 있는 어려움들을 면

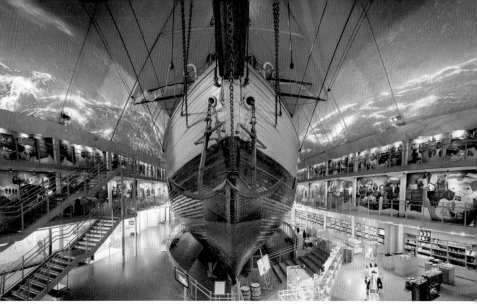

복원된 프람호. 자랑스러운 노르웨이 탐험의 역사를 증언하고 있다.

밀히 검토했고, 자신의 명쾌한 논리를 확신해 다른 사람의 의견에 결코 흔들리지 않았다.

북위 84°4′, 동경 102°27′에서 스키선수였던 요한센 한 사람만을 동반한 채 프람호에서 내려 개썰매와 카약을 타고 북쪽으로 향했다. 얼마 후 그들은 그 당시까지 인간이 도달한 범위에서는 가장 위도가 높은 북위 86°14′ 지점에 닿았다.

1895년 8월 26일부터 이듬해 5월 19일까지 '프레더릭 잭슨 아일랜드'에서 겨울을 보냈다. 이곳은 영국의 북극 탐험가 이름을 따서 난센이 붙인 지명이다.

그들은 얼음집 이글루를 짓고 살았다. 식량은 주로 북극곰과 바다코끼리를 사냥했다. 그러던 중 영국 탐험대의 도움으로 1896년 8월 13일 노르웨이로 돌아왔고, 얼마 후 프람호도 85°57′ 북쪽에서 표류하면서 무사히 오슬로항에 접안, 온 국민의 뜨거운 환영을 받았다.

1814년까지 덴마크의 식민지로, 1905년까지는 스웨덴 국왕 통치하에 살았던 노르웨이인에게 난센은 진정한 영웅이었다.

나에겐 '난센 박사'로 더 익숙한 세기의 팔방미인. 난센만큼 한 번 주어진 삶을 멋지고 풍요롭게, 또 드라마틱하게 산 사람이 또 있을까. 만능 스포츠맨, 탐험가, 발명가, 동물학자, 해양학자, 대학교수, 저술가, 그리고 초대 주 영국대사까지. 만년에는 난민과 빈민구제를 위해 힘을 쏟아 1922년 노벨평화상까지 받았으니 세기의 팔방미인이라 할 만하지 않은가.

'호기심 천국'

모험 하면 나도 노르웨이 사람 못지않다.

모험심은 호기심에서 출발한다. 호기심은 미래를 향해 행동한다는 확실한 증거다.

나는 1976년 첫 직장이자 마지막 직장, 대우건설에 입사했다. 그런데 1년도 채 안 될 무렵, 누구도 근무를 꺼리는 아프리카 수단의 수도 카르툼 건설 현장에 자원했다. 그곳은 에티오피아에서 발원한 청나일강과 탄자니아에서 유장한 흐름을 이어온 백나일강이 합류하는 지점이었다.

발령이 확정되자 "풍토병 많고 살인적으로 더운 수단에서는 '수단' 이 좋아야 살아남을걸!" 하는 친구들의 농담에 "백나일강의 물 색깔이 진짜 하얀지, 청나일이 정말 푸른지 알고 싶지?" 하고 맞받아쳤다. 그것은 나의 진심이었고, 나일 강물 색깔은 물론 아프리카와 아라비아 반도 사이 홍해도 진짜 붉은지 내 눈으로 확인하고 싶었다.

나는 학창 시절 성적도 별로 안 좋았고 결점도 많았지만, 장점도 하나 있었다. 그것은 매사에 호기심이 많았다는 것이다. 호기심은 관심을 부른다. 관심이 생기면 관찰을 하게 된다. 관찰을 하면 사물의 본질을 꿰뚫어볼 수 있다.

"이걸 바꾸면 좀 더 신나고 재미나게 할 수 있을까? 앞으로 세상은 어떻게 변화할까? 아프리카는 과연 '존재'하며 그들은 어떻게 살아갈까?" 한 번뿐인 인생을 멋지게 살라고 창조자가 나에게 내려준 선물이 호기심이고, 그것은 내 삶의 원동력이 될 것이라 믿었다. 그 호기심 때문에 지금도 세상을 두 바퀴로 누비며 다닌다.

아프리카 부임 당시, 멘토 아문센과 관련된 '호기심 사례' 하나를 소개한다. 지구상에서 가장 더운 수도로 알려진 카르툼. 그곳 여름철 평균기온이 섭씨 42도! 그 혹서를 과연 견뎌낼 수 있을까? 이것이 일보다 더 심각한 나의 고민이었다.

그때 아문센의 말을 떠올렸다.

"나는 남극 탐험을 앞두고 겨울 내내 창문을 열고 팬티만 입고 잤다. 혹한에 대비하기 위한 훈련이었다."

자전거 백야기행

로알 아문센　　　　　　로버트 스콧

　나는 역발상으로 그해 여름 내내 겨울 내복을 입고 출근했다. 현지 부임 무렵 "사람이 이상해졌다, 독하다" 등의 소문이 돌았지만 그들이 내 인생을 대신 살아주진 않는다며 신경 쓰지 않았다.

　지금도 나는 해외 자전거 여행을 준비할 때마다 당시 수단 출국을 앞둔 '여름 내복'의 마음가짐으로 되돌아간다. 그래야만 힘든 자전거 여행에서 소기의 목적을 거두고 귀국할 수 있기 때문이다.

흙수저와 금수저의 대결

　노르웨이인 로알 아문센Roald Amunsen, 1872~1928과 영국인 로버트 스콧 Robert Scotte, 1869~1912. 두 사람 간 남극점 정복 대결은 세계 탐험사 명장면 중 하나다.

그들은 인류 최초라는 개인의 영광보다 조국의 명예를 우선했다. 한 사람은 승자로 역사에 길이 남을 위업을 이루었지만, 다른 한 사람은 패자로 실망과 좌절 그리고 비참한 죽음을 맞이하고 말았다.

당시 영국이라면 초강대국 '해가 지지 않는 나라' 아닌가. 객관적 '전력'으로 봐서는 스콧이 월등히 우세해 보였으나 결과는 딴판이었다. 우리네 인생사도 이런 경우가 드물지 않게 발생한다. 이 두 사람이 희비가 엇갈린 이유는 무엇일까. 최근 들어 두 사람의 리더십 비교가 세간에 회자되고 있다.

아문센은 유년 시절부터 북극 정복을 꿈꾸며 자랐다. 그때는 남쪽이 아니라 당연 북쪽이었다. 그러나 북극은 이미 미국인 피어리Robert Peary, 1856~1920가 정복했다는 소식을 듣고 급히 남극으로 방향을 돌렸다.

아문센은 요즘 유행하는 말로 '흙수저'였다. 빙판과 설원에서 사냥하고, 썰매 끄는 개 시베리안허스키와 뒹굴며 성장했다. 마치 몽골족이 날 때부터 초원에서 말과 친구가 되듯이.

반면 스콧은 눈과 추위라고는 겪어보지 않고 자랐다. 대영제국의 엘리트 코스 해군장교가 되었고, 출정 때는 대령이었다. 한마디로 부와 명예, 명령권을 다 가진 '금수저' 출신이었다.

당시 극지 탐험은 지금의 우주 탐사에 버금가는 힘들고 어려운 모험이었다. 불확실투성이 대모험에 흙수저와 금수저가 격돌한 것이다.

자전거 백야기행

예고된 위기는 위기가 아니다

　스콧은 런던 왕립지리학회로부터 인원, 자금, 장비 등 전폭적인 지원을 받았다. 대원들 중에 전문지식을 가진 유능한 장교가 많았다. 또한 민간 지리학자, 광물학자, 식물학자 등도 동행했다. 자연히 짐은 산더미같이 불어났다.

　이런 이유로 스콧은 개썰매와 스키 외에 모터썰매와 만주산 조랑말을 추가했다. 검증되지 않았던 운반 수단이 결정적 패인이었다. 기온이 영하 50도까지 내려가자 모터엔진은 얼어터졌고, 말들은 강추위에 움직이지를 않아 사살할 수밖에 없었다. 또 크레바스에 빠지면 모터썰매와 말 둘 다 무거워 건져올릴 수도 없었다. 무거운 짐들을 사람이 지고 가거나 개가 끌었으니 전진도 더디고 또 얼마나 힘들었을까.

　게다가 데포depot, 식량저장소를 못 찾아 아사 직전이었지만, 자존심 강한 영국 신사답게 개는 물론 말고기도 먹지 않았다. 동물 애호가답게 스콧은 고어 텍스 같은 당시 최첨단 화학사로 만든 옷을 입었는데 매

패착의 주 요인인 만주산 조랑말. 오른쪽은 아문센이 탐험 당시 입었던 옷.

우 무거웠고, 혹한은 살 속으로 파고들었다.

아문센은 단순함으로 목표에 도전했다. 이동 수단은 늘상 접하던 개썰매와 스키가 전부였다. 어렵고 힘든 목표를 평소 일상처럼 쉽게 접근한 것이다. 아문센은 탐험 성공의 핵심을 이미 간파하고 있었다.

극지 연구는 차후 문제이고, 노르웨이 국기를 먼저 남극점에 꽂는 것에 모든 포커스를 맞췄다. 학자보다는 다기능 소유자, 추위에 잘 견디고, 사냥 잘하며, 이글루를 3시간 안에 지을 수 있는 자, 개를 잘 다루며 근성 있는 뱃사람을 선발했다. 자신이 직접 한명 한명 면접 끝에 선발했다. 노르웨이 스키 챔피언도 포함시켰다. 인원도 19명의 정예 인원으로 스콧 탐험대의 1/3밖에 되지 않았다.

'경량주의' 아문센은 도태되는 개를 잡아먹으며 에너지원으로 삼았다. 52마리로 출발한 개는 18마리만 살아 돌아왔다. 의복도 에스키모처럼 여우, 곰 등의 짐승 가죽으로 만들어 땀 배출도 잘 돼 가볍고 따뜻했다. 예고된 위기는 아문센에게 위기가 아니었다.

"나는 작전을 세울 때 세상에 둘도 없는 겁쟁이가 된다"

두 탐험대는 거의 동시에 남극을 향해 발진했다. 아문센은 1911년 12월 14일 오후 3시, 인류 최초로 극지점에 도착했다. 노르웨이 국기를 꽂으며 그는 이렇게 외쳤다. "조국이여, 이곳을 당신에게 바칩니다. 그리고 이 영광을 하콘 7세 폐하에게 올립니다!"

이때 스콧은 최후 공격조 5명과 함께 남위 85도에서 추위와 굶주림에 떨며 스키도 없이 한발 한발 옮기는 중이었다. 그래도 마지막 희망을 버리지 않고 전진, 1912년 1월 16일 극지점에 도달했다. 거기에는 이미 노르웨이 깃발이 펄럭이고 있었다.

"아, 아문센이 벌써…."

33일 늦게 도착한 것이다.

국기 유니언 잭만 지니고 모든 장비를 버리고 왔는데 얼마나 낙담했을까. 그러나 더 큰 불행이 기다리고 있었다.

화불가단행禍不可單行. 불행은 홀로 오지 않는다. 귀로에 길을 잃어 자신은 물론 대원 4명까지 모두 얼어죽고 말았다. 대영제국 해군의 고급장교 스콧이 범인凡人에게도 회자되던 나폴레옹의 이 말을 어찌 망각했단 말인가.

"나는 작전을 세울 때 세상에 둘도 없는 겁쟁이가 된다. 상상할 수 있는 모든 위험과 최악의 경우를 상정한다. 그리고 계획은 주도면밀하게 천천히, 실행은 속전속결이 관건이다."

역사는 '아름다운 2등'을 기억하지 않는다

노르웨이에게 영광을 빼앗긴 영국은 스콧에게서 얼굴을 돌려버렸다. 그러나 수개월 후 스콧의 탐험일지가 발견된다. 거기에는 여왕 폐

"저기 육지가 보인다!" 노르웨이 해양 도전 기념탑 앞에서

하에게, 가족에게, 대원들에게 남긴, 마지막 순간까지 분투했던 스콧의 처절한 심정이 적혀 있었다.

품위 있는 영국인답게 최후를 맞은 그에게 국민들은 다시 찬사를 보내기 시작했다. 동시에 '동물 학대'를 자행한 아문센을 야만인의 전형으로 비하했다.

이에 대해 아문센이 대처한 말이 참 인상적이다.

"필요한 준비를 등한시한 자에게는 실패가 기다리고 있다. 우리는 이것을 불행이라고 부른다. 승리는 모든 것을 제대로 갖춘 자를 찾아온다. 우리는 그것을 성공이라고 부른다."

아문센은 슬기롭게 환경에 적응했다. 어려움을 예측하고 빈틈없는 계획으로 본질과 핵심에 집중했다. 목적을 달성하고, 팀원 단 한 명의 희생도 없이 전원 귀환하지 않았는가. 탁월한 리더십의 소유자로, 강인하고 영민한 탐험가로 역사는 그를 영원히 기억할 것이다.

110년 세월을 뛰어넘어 남극점 최후 공격조들과 교감하다.